基礎から学ぶ
海運と港湾

池田　良穂　著

KAIBUNDO

は じ め に

　この本は，大阪経済法科大学の経済学部と法学部に学ぶ文系の学生を対象とした教養課程の授業「海運と港湾」の内容をまとめたものです。この本で取り上げる海運と港湾は，船を扱う船舶工学，港湾技術を扱う港湾土木工学，流通科学やロジスティクス，海運経済学など，理系から文系に至るきわめて幅広い知識を必要とする学際的な分野です。

　海運の主役である「船」は，水から受ける浮力で水面上に浮かび，最も少ないエネルギーで，人や重たい荷物を大量に運ぶことができる超省エネ型の輸送機関です。グローバル化が進む世界経済において大量の物資が海を渡っており，日本の輸出入貨物の 99.6% が船によって運ばれています。天然資源が乏しい日本は，エネルギー資源である原油や天然ガスのほとんどを輸入に頼っており，世界各地の産地からタンカーや LNG 船と呼ばれる専用船で運ばれてきます。また私たちが生きるのに欠かせない食糧についても，その多くを輸入に頼っており，穀物などはばら積み船で，また生鮮食品などは冷凍物運搬船などで運ばれてきます。

　こうしたさまざまな必需品を輸入するためには，より付加価値の高いものを輸出して稼ぐことが必要となります。そのため鉄鉱石などの天然資源を輸入して，製品に加工して，付加価値をつけて輸出することで日本の経済は成り立っています。こうした製品の多くは，コンテナ船をはじめとする各種船舶で輸送されています。

　船を使って，人や荷物を輸送するのが海運業です。鎖国をしていた江戸時代から，明治時代になって，政府が真っ先に取り組んだのが近代的な海運業の振興でした。その頃，すでに海外では，帆船の時代からエンジンで走る動力船の時代に変わっており，その最新技術を吸収することで日本の海運業は急速にその実力を上げていきました。そして，巨大で，複雑な船の建造にも力を入れました。

　しかし，第 2 次大戦で日本の海運は壊滅的な被害を受けました。戦後に，日本経済を甦らせるために，もう一度，海運，造船などの海事産業が大きな役割を演じました。そして，今では，日本は世界でも有数の海運国，造船国に復活しました。

　人が船に乗り下りしたり，荷物を船に揚げ降ろしたりする場所が港湾です。この港湾なしには海運業は成り立ちません。欧米のハンザ都市と同様に，日本でも多くの都市が，港を中心に形成されました。まさに港は人流，物流の拠点であり，そこに経済が成長して，人々の暮らしが成り立ったのです。港は，海運の変化に伴ってダイナミックに変わっています。大洋を渡る定期客船の時代が終わって客船埠頭はクルーズ客船埠頭に変わり，在来型貨物船が荷役をしていた櫛形の埠頭はガントリークレーンが並ぶコンテナ埠頭に変わりました。そして，今でも日本の各港湾都市は，その経済基盤のかなりの部分を港湾関連産業に頼っています。

　その様子は，各港にある展示施設や海事博物館で見ることができます。また，港巡りの遊覧船に乗って，ダイナミックに活動する港と船の様子を実際に見てください。港湾がもつ重要性が分かると思います。

　この本では，人や荷物の輸送に使われている船舶を使った海運事業と，その海運のための社会基盤（インフラストラクチャー）としての港湾について，科学および工学の知識も含めて，文系の学生の方々に必要な教養としての知識を分かりやすくまとめました。みなさんの人生の航海における素養としてきっと役立つはずです。新しい船出における安全な航海を祈念して，ボン・ボヤージュ（ご安寧な航海を）！

2017 年 7 月 20 日

池田　良穂

目　次

第1章 船舶と海運の基礎知識

本論に入る前に，船と海運に関する基礎的な知識として，船と海運の歴史，船のしくみ，船の建造，船の種類，船のトン数などについて簡単に学ぶことからはじめましょう。

1.1 船の歴史

船は，水から受ける浮力で水面上に浮かび，最も少ないエネルギーで，人や重たい荷物を大量に運ぶことができる輸送機関です。このため，船は，海，湖，川を渡るために古くから使われてきました。水に浮かぶ軽い葦でできた船が使われたという記録が紀元前 6000 年に描かれたエジプトの壁画にありますし，人の力や，風を利用して航海することも古くからおこなわれてきたという記録も残っています。日本では奈良時代には，遣唐使船が海を渡って中国に出かけていましたし，江戸時代には北前船や菱垣廻船のように日本の沿岸に沿って人や荷物を運ぶ船もたくさん活躍していました。

江戸や大坂などでは，街中に運河が張り巡らされ，重い荷物の輸送はもっぱら船に頼っていました。このように，鉄道や自動車などの輸送機関が現れるはるか以前から，船は，小さな力で移動でき，重たい荷物やたくさんの人を一度に運ぶことのできる唯一の輸送機関として使われてきました。

産業革命のもととなった蒸気機関が発明されると，これが船の動力としても利用され，動力船，蒸気船，汽船などと呼ばれました。燃料には石炭が使われました。風を利用した帆船では，風まかせの航海でしたが，動力船では決まったスケジュールでの航海が可能となりました。

現在，活躍している船のほとんどは，エンジンのシリンダーの中で燃料と空

気を自然発火させてピストンを上下運動させるディーゼル機関を使っています。ディーゼル機関の登場によって，燃料は固体の石炭から液体の石油に代わりました。船の大型のディーゼル機関は，非常にエネルギー効率がよく，自動車で搭載されるガソリン機関よりも2倍近く効率が高くなっています。

1.2　海運事業の歴史

　船を使った輸送事業を海運といいます。古くは，人間から荷物まで，さまざまなものを船に積んで運んでいました。最初は，航海する人自身が，寄港する先々で商品を購入して，それを運んで売ることで商売をするのが一般的で，プライベート・キャリアもしくはマーチャント・キャリアと呼ばれていました。やがて，商売と輸送の分離が起こり，船で人や荷物を運ぶことで運賃を得ることを仕事とする海運業が起こり，これをコモン・キャリアと呼んでおり，ほぼ現在の海運業の形態が整ったということとなります。

　さらに海運の姿が大きく変わったのは，第2次大戦の後でした。まず，大西洋や太平洋のような大洋を渡って大陸間で人を輸送する大型客船が姿を消しました。これは，高速の飛行機による輸送網が世界的に張り巡らされたためです。飛行機に旅客が移った理由は，スピードの差です。船のスピードは，せいぜい時速30～40kmなのに対して，飛行機は時速600～700kmと，20倍近い速度差があります。概略のスピードの差を知るためには「飛行機の1時間が，船の丸一日」と覚えておくとよいでしょう。大西洋を横断して欧州からアメリカに渡るのに，船では5～6日かかりますが，飛行機だと5～6時間しかからないのです。こうして，大洋を何日もかけて渡る客船はなくなり，せいぜい1～2日以内の航海でいける距離を，旅客とともに自動車なども積んで航海するカーフェリーが，旅客のための海上輸送機関として生き残りました。

　一方，現在では，客船で各地を周遊するクルーズが大きな産業となっています。こちらは海運業というよりは，レジャー産業，バケーション産業とみなされていますが，船というハードを使い，港を利用し，多くの船員で運航されていますので，海運業の1つであることには変わりがありません。

　荷物を運ぶ貨物船の世界でも，戦後に大きな変革が起こりました。世界の経

済規模が拡大して，海上輸送量が増えると，1 隻の船にいろいろな荷物を積ん
で運ぶより，品目を絞って運ぶ方が効率のよい輸送ができるようになりました。
例えば，製鉄会社は，大量の鉄鉱石や石炭を資源生産国から製鉄所までピスト
ン輸送するようになり，鉄鉱石だけを運ぶ船，石炭だけを運ぶ船が登場するよ
うになりました。また，クレーンを使って一般貨物船に積み込まれていた自動
車も，自走して積み降ろしのできる自動車専用船（PCC，PCTC）で大量に運
ばれるようになりました。こうして，貨物船の専用船化が急速に進みました。
それぞれの貨物が 1 隻の船を一杯にするだけの量が輸送されるようになったの
と，荷物によってそれぞれ積み方も，求められる輸送スピードも違っているた
めです。

　各種製品などの雑貨は，かつては，それぞれ梱包されて一般貨物船の船倉に
積み込まれましたが，コンテナと呼ばれる規格化された「箱」に詰められて運
ばれるようになりました。こうした規格化された荷物の扱いをユニットロード
化といい，港での荷物の積み降ろしに要する時間が短くなることで荷役効率が
向上するだけでなく，荷役時の損傷や盗難も少なくなるというメリットがあり
ます。今では，雑貨だけでなく，いろいろな貨物がコンテナに収められて，コ
ンテナ専用船で運ばれています。

　貨物船の専用船としては，原油などの液体貨物を運ぶタンカー，液化ガスを
運ぶ LNG 船や LPG 船，石炭，鉄鉱石，小麦などを運ぶばら積み船，コンテナ
を運ぶコンテナ船，自動車を運ぶ PCC や PCTC，大きなプラントなどを運ぶ

図 1-1　自動車を専門に運ぶ自動車専用船（PCC，PCTC）

図 1-2　ヨットとボートを運ぶ専用船もあります。

プラント運搬船，セメントを運ぶセメント船などがあり，今では多種多様な専用船が世界中の海で活躍しています。新しい海上輸送のニーズが生まれて，それぞれの輸送品がある程度の物量になると，その輸送のための専用船が登場します。欧州では，ヨットやボートを運ぶ船や，欧州各地で製造される航空機の部品を組立工場まで運ぶ航空機部品専用船まで登場しています。

　しかし専用船には，デメリットもあります。それは多くの貨物が 1 方向にしか運ばれないで，帰りは空船，すなわち貨物を積まない状態での運航となることです。例えば，原油タンカーは，中近東から原油を積んで日本まで運び，帰りは空船での回航となります。荷物がない空船の状態では船が浮き上がってしまって，推進器であるプロペラが空中に露出するため，バラスト水と呼ばれる海水を大量に船内のタンクに搭載して航行します。こうして片道を空で航行しても経済的に成り立つほど，海上輸送をする貨物のボリュームが増え，効率的な運航の方が優先されるようになったのです。

　専用船は，輸送量の増大に伴って大型化しました。船は大型化するほど経済性が向上して，単位当たりの輸送コストが低減するためです。例えば，タンカーでは 1970 年代はじめには 100 万トン（載貨重量トン）の巨大船の建造まで計画され，それを建造するための 100 万トンドックが日本の国内でもつぎつぎと建設されました。しかし，1970 年代のオイルショック後，原油の海上輸送需要が低迷して，現在では大きいタンカーでも 30 万トン程度が一般的になりました。

　しかし，最近になって鉄鉱石運搬船では 40 万トン，コンテナ船では 20,000

個積み，自動車専用船では 8,000 台積み，クルーズ客船では 6,000 名乗りという巨大船が続々と登場しています。

1.3　船のしくみ

　浮力で水面上に浮かぶ船は，昔は，水に浮かぶ軽い木材などで造られていました。しかし，今では，もっと頑丈な 鋼 （スチール）で造られています。では，水に沈む重い金属の鋼がなぜ水面で浮かぶのでしょうか。その理由は，アルキメデスの原理を使うと分かります。紀元前 200 年代に活躍したエジプトの科学者アルキメデスは，「物体が水から受ける浮力は，その物体が押しのけた水の重さに等しい」ことを発見しました。つまり浮力は，物体が押しのけた水の体積，すなわち水面下の物体の体積に比例するのです。重い金属でも，薄く伸ばして，料理に使う鍋やボールのような形にすると，水面下の体積が増えて，その分だけ浮力が大きくなって，水に浮くことができるのです。

　この浮力を利用すると大きさの限界がほとんどなくなります。浮力を利用して海で生きる鯨と，陸上の動物で最も巨大な象と，空中を飛ぶ鳥の中で最も大きなアホウ鳥を比べてみるとその違いがよく分かります。浮力で浮かぶ鯨は巨大ですが，現在，陸上で生きる最大の動物である象はかなり小さく，空を飛ぶ鳥は大型のものでも羽根を広げても 4 m 弱なのです。このように大きさに限界

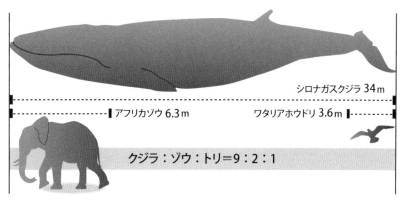

シロナガスクジラ 34 m

アフリカゾウ 6.3 m　　ワタリアホウドリ 3.6 m

クジラ：ゾウ：トリ＝9：2：1

図 1-3　水の浮力，地面の反力，空気の揚力で体を支えている動物の大きさ比べ

があるのは，自重を支えるのが水の浮力か，地面の反力か，空気の揚力かの違いによっています。

　船がひっくり返るのを防いでいるのが復原力です。この力は，重力と浮力の作用線がずれることから生まれており，船の幅が広いほど，また重心が低いほど大きくなります。高い波の中でも転覆しないだけの復原力をもつように，船は科学的な手法で設計されています。

　船を動かすために広く使われているのはスクリュープロペラです。扇風機のような羽根をエンジンの力で回転させて，1枚ずつの羽根に働く揚力によって前進する力を発生させます。この力が船を動かす推進力で，推力ともいいます。

　船が動くと，水面下の船体には水からの抵抗が働きます。この抵抗には，水が船体表面を擦ることによる摩擦抵抗，水面に波を立てることによる造波抵抗，船尾近くで渦を造ることによる造渦抵抗（粘性圧力抵抗）などがあります。これらの抵抗に打ち勝つだけの推進力をスクリュープロペラで与えると，抵抗と推進力が釣り合うスピードで船は進みます。抵抗の中でも造波抵抗は，スピードが速くなると急激に増加する性質があるため，船を高速で走らせるとエネルギー効率が急激に悪化します。

　船の進む方向を変えるのが舵です。舵を切ると，舵に揚力が働いて，船の進行方向を曲げます。この揚力は，舵に流入する流れの速度の2乗に比例するという性質を利用するため，舵は，船の周りで最も水の流れが速い，スクリュープロペラのすぐ後ろに取り付けられています。また舵は，船の針路を変えるためだけでなく，波や潮流などの外乱の中で，船を真っ直ぐに進ませるためにも使われ，これを当て舵といいます。

　船は波の中で揺れます。この揺れをできるだけ小さくするように船は設計されます。揺れが大きいと，転覆の可能性があるだけでなく，荷物が荷崩れを起こしたり，旅客が船酔いを起こしたりするためです。

1.4　船ができるまで

　巨大なビルほどもある船は，造船所で造られます。たくさんの鋼の材料を切ったり，曲げたり，溶接でつないだりして，まず水密の船体が造られます。

今では，船体をいくつかのブロックと呼ばれる塊に造り上げてから，船台また
は乾ドックの中でつなぎ合わせて造るブロック建造法と呼ばれる方法がとられ
ています。船台とは海岸に斜めに造られた頑丈なコンクリート製の斜面で，そ
の上で船体が出来上がると，船を滑らせて水面に浮かべます。これが進水式で
す。一方，乾ドックは，海岸線に造られた巨大なコンクリート製のプールで，
海側の水門を閉じてドック内の水を排水した状態で，その中でブロックをつな
ぎ合わせて船を建造し，出来上がるとドック内に水を注入して船を浮かせて，
水門を開けて船を外に引き出します。

　船体が進水しても，まだ船として走れる状態ではありません。航海機器やエ
ンジンなどが正常に動くように調整し，船内の各種の装飾や電気工事などが岸
壁に浮かべた状態で行われます。これが艤装工事です。艤装工事を行う岸壁を
艤装岸壁といいます。

　20万トン程度の貨物船で，船を構成する部品は20万点にも及び，自動車に

図1-4　船体は，大きなブロックをドックの中でつなぎ合わせて1隻の船に仕上げま
す。これをブロック建造法といいます。

図1-5　船台で完成した船体を滑らせて海に浮かべる進水式は，船の誕生の瞬間で，
とても華やかです。写真は海洋調査船が進水する瞬間です。

比べると 4 倍以上の部品となります。12 万総トンのクルーズ客船だと，その構成部品は 2,100 万点にも及ぶといいます。このように膨大な数の部品を組み合わせて 1 隻の船が出来上がるのが，造船業が総合工業である所以です。

　こうして，複雑な船を設計し建造するプロフェッショナルが造船技師で，英語ではネーバル・アーキテクト（海の建築家）と呼ばれており，今でも欧米では尊敬の対象となっています。

1.5　船の種類

　船には，運ぶものによっていろいろな種類があります。人を運ぶ船では，13名以上の乗客を乗せると客船とみなされ，非常に厳しい安全規則のもとに建造され，かつ厳しい安全管理のもとで運航されます。この客船には，レジャー客を乗せるクルーズ客船，車と人を一緒に運ぶカーフェリー，移動のための旅客を運ぶ離島航路客船，海上から景色を楽しむための遊覧船などがあります。

　貨物を運ぶのが貨物船です。その中で，決まったサイズのコンテナにいろいろな荷物を入れて運ぶのがコンテナ船です。船内にある船倉だけでなく，甲板の上にもコンテナを山のように積み揚げて大量に運びます。大きな船では，20,000 個ものコンテナを積む船もあります。自動車を専用に運ぶ自動車専用船（PCC，PCTC），小麦や石炭などを船倉に入れて運ぶばら積み船など，積み方や積む荷物の種類によってさまざまな貨物船があります。

　液体貨物を，船内の大きなタンクに積んで運ぶのがタンカーです。原油を積む原油タンカー，精製された各種石油製品を運ぶプロダクトタンカー，各種の化学製品を積むケミカルタンカー，液体にしたガスを積む LNG 船や LPG 船などがあります。

　このように商業としての海運業に携わる船を商船（marchant ship）といいます。

　商船以外に，国を守る自衛艦，海の警察である海上保安庁の巡視船や巡視艇，船火事を消す消防艇，大型の船の離着岸を助けるタグボート，海洋を調査する調査船，海の底に電話線を敷設するケーブル船，漁業をする漁船など，船は用途ごとにたくさんの種類があります。どの船も，みんなの生活を守るためには

欠かせない役割を担っています。本書では，商船にターゲットを絞って説明を
します。

1.6　航路

　船が走る海の道を航路といいます。しかし，陸上の道路のように決まってい
るわけではなく，狭い海峡や港などを除くと，船舶は自由に航路を設定できま
す。それぞれの船は，所要時間を短くするために，港と港の間の最短距離の航
路を設定するのが普通です。

　しかし地球は丸いので，一般的な世界地図の上の 2 つの港をまっすぐ直線で
結んでも最短距離になるとは限りません。球状の地球表面上の 2 点を最短距離
の直線で結ぶ航路を大圏航路といいます。例えば，日本の東京とアメリカのサ
ンフランシスコを最短で結ぶ場合には，東京を出てから北海道に向かって北上
して，アリューシャン列島の沖を通って，アラスカの西の海上を南下してサン
フランシスコに至る航路が最も短い航路となり，太平洋を渡る多くの船舶はこ

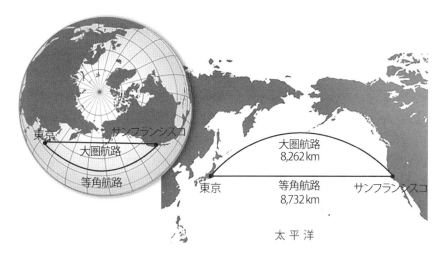

図 1-6　大圏航路とは，丸い地球表面の 2 つの港を最短の長さの直線で結んだ航路で
　　　す。日本と北米西岸との間では約 6 ％短くなります。地球儀の表面に糸をぴ
　　　んと張ると，大圏航路になります。

の大圏航路を航海しています。

　また，ユーラシア・アフリカ大陸と南北アメリカ大陸は，北半球から南半球まで南北に横たわっていて，大洋間の海上交通の障害となっています。すなわち，大西洋と太平洋とを行き来するには，南米大陸の南端のドレーク海峡，大西洋とインド洋との行き来にはアフリカの南端の喜望峰の沖を回らねばなりませんでした。もちろん，両大陸の北側にも北極海がありますが，氷に閉ざされている期間が長いため，航路としては使えない季節が長く続きます。

　この2大陸の中央部に船を通過させるための航路を人工的に造ったのが，スエズ運河とパナマ運河です。スエズ運河は，ユーラシア大陸とアフリカ大陸をつなぐスエズ地峡に運河を掘り，地中海と紅海をつなぎました。またパナマ運河は，南北アメリカ大陸を結ぶパナマ地峡で，船を上下に移動させるロック（閘門）によって船をもち上げ，山の上にある湖を航行させて，太平洋と大西洋を結んでいます。

　この他にも，ギリシャのコリントス運河，ドイツのキール運河などがありますし，各地の河を利用した水運もあります。ヨーロッパでは河を利用して，中央にそびえるアルプスを越えて船が行き来できるようになっています。

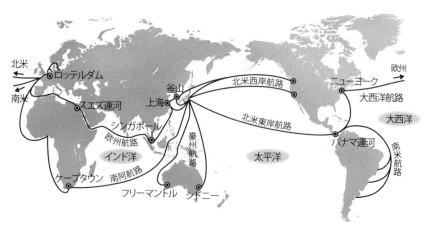

図1-7　日本を中心とする世界の主要航路です。パナマ運河とスエズ運河が，東西方向の航路の長さを短縮していることが分かります。

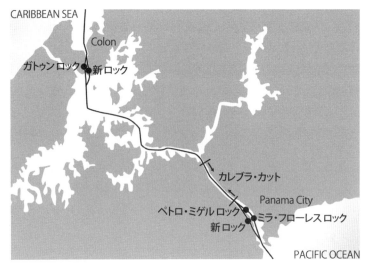

図1-8　パナマ運河は，太平洋と大西洋のカリブ海とを結ぶ約80kmの運河で，海面より26mだけ高い人造湖ガトゥン湖まで船をロック（閘門）でもち上げて通過させます。最短の通過時間は約8時間です。

図1-9　パナマ運河のロック（閘門）で上下に移動するコンテナ船。30年前の写真で，今は大型船用の新航路と新大型閘門が画面の上の方に出来ています。
（写真提供：パナマ運河庁）

コラム① 新パナマ運河の開通

　旧パナマ運河を通過できるサイズは 32.3 m までで，それ以上の大型船は，太平洋と大西洋とを行き来する場合には，スエズ運河を通過するか，アフリカ大陸や南アメリカ大陸の南端を回る必要がありました。例えば，北米のガルフ（メキシコ湾岸）から積み出す大型 LNG や LPG 船は，喜望峰経由で約 45 日かけて日本に到着しますが，新パナマ運河閘門を使えば 22 〜 30 日に航海日数が短縮されます。また，12,000 個積みの大型コンテナ船がパナマ運河を通過できることとなり，東アジアから北米東岸への航路に大型船を使うことができるようになって輸送効率の向上につながると期待されています。

　パナマ運河を通過する船舶の数は，年間，約 14,000 隻にのぼり，通過料金は，古い閘門利用で，4,700 個積みのコンテナ船が約 5,000 万円といいます。結構高いですね。

図 1-10　パナマ運河のガトゥン湖とカリブ海を結ぶ新閘門を通過する商船三井の大型ばら積み船。通過できる船の幅が 32 m から 49 m に広がりました。この閘門で船は 26 m 上昇して，ガトゥン湖に入ります。上がカリブ海の水位の状態で，下がガトゥン湖の水位まで上がった状態です。

コラム② 北極海航路

　北極海は，冬は氷に閉ざされていますが，夏の短期間には氷も溶けて，船の行き来ができます。東のベーリング海峡と西のロシア・ノバヤゼムリャ島の距離は約 4,000 km で，東アジアと欧州北部を結ぶ場合にはスエズ運河経由に比べて 30 〜 40 ％も航路が短くなります。

　この北極海航路を船で行く場合には，夏とはいえ，氷に遭遇することもあるので，耐氷型の頑丈な船体の船が必要となりますし，場合によっては，氷を割って航路を切り開く砕氷船の先導も必要となります。こうした困難な問題はありますが，地球温暖化に伴って通航のできる期間が次第に長くなってきており，スエズ運河航路に代わる新しい航路として，その開発が注目されています。

1.7　船の専門用語

　船や海運には特殊な専門用語がたくさんあります。これを知っておかないと，海運や港湾のことを理解するのはやっかいです。

1.7.1　トン数

　船の大きさは「トン」という単位で表しますが，それには船の重さを表すトンと，船の体積を表すトンの 2 種類があります。「排水量（トン）」や「載貨重量トン」は重さを，「総トン数」や「純トン数」は船内体積を表します。

　排水量にもいろいろあり，満載排水量が貨物を一杯積んだ時の船全体の重さを，軽荷排水量が船自体の重さを表します。軍艦では排水量でその大きさを表すのが一般的ですが，商船ではめったに使うことはありません。

　載貨重量とは，船に積める貨物の重量を表します。ばら積み船やタンカーの輸送能力は，主に載貨重量で表されます。ただ，載貨重量には，空船時に喫水・プロペラ深度を確保するためのバラスト水や，燃料などの航海に必要な物品の重さも含まれており，積める貨物の重さとは一致しないので注意が必要です。

　総トン数は，船の内部の体積を表す指標です。積める重さよりも船内体積の方が重要な客船や，船倉の体積が重要な雑貨を積む一般貨物船では，総トン数が船の能力を表す指標としてよく使われます。かつては総トン数の算出法が各国で少しずつ違っていましたが，1969年にIMCO（現IMO，国際海事機関）で世界的に統一した総トン数の計算方法が決まり，これを国際総トン数といいます。ただし日本籍船については，日本政府によって決められた方法で計算した特別な総トン数が使われており，主に税金などの計算時に使われています。

国際総トン数＝船内総容積 × $(0.2 + 0.02 \times \log($船内総容積$))$

船内総容積（m³）＝ 船体主部（上甲板下）＋ 上部構造物

国内総トン数 ＝ 国際総トン数 $\times a \times b$

$a = (0.6 +$ 国際総トン数 $/ 10{,}000)$（ただし $a > 1$ の時は，$a = 1$）

$b = 1 + (30 -$ 国際総トン数$) / 180$（ただし $b < 1$ の時は，$b = 1$）

　係数 a は国際総トン数が4,000トン以上の場合1，係数 b は国際総トン数が30以上で1となるので，国際総トン数が4,000トン以上の大型船では国際総トン数と国内総トン数は一致します。

　ただし，国内総トン数では，旅客カーフェリーなどのように2層以上の車両甲板がある船に対して総トン数を減ずることができます。この結果，車両甲板を2層以上もつ大型カーフェリーやRoRo船では，国内総トン数が国際総トン数の半分程度になる船が多くあります。したがって，この種の船舶の大きさを総トン数で比較する時には，国際トン数での比較が必要となります。

　商船の貨物輸送能力を表す載貨重量，総トン数は，どの船でも建造時に両方共に計算されています。

　また，こうしたトン数以外にも船の積載能力を示す指標が使われることもあ

表1-1　船のトン数

重さを表すトン数	体積を表すトン
排水量：船全体の重さ 載貨重量トン：積める人，貨物の重さ 軽荷重量トン：船自体の重さ	総トン数：船内の体積 純トン数：船内体積から航海関連などの体積を除いた体積

ります。コンテナ船ではコンテナ積載数を 20 フィートコンテナに換算して表し，TEU（Twenty-feet Equivalent Unit）で表します。最近は 40 フィートコンテナの数で表すこともあり，FTU（F は fourty の意）と呼ばれます。

　自動車専用船では積載できる車の数で表します。標準的な乗用車の大きさが決まっており，長さ 4.125 m，幅 1.55 m です。また車両甲板のレーン長さ（駐車スペースの道路長）で表示することもあります。

　LNG や LPG 船では，タンクの容量で積載能力を表すことが普通です。

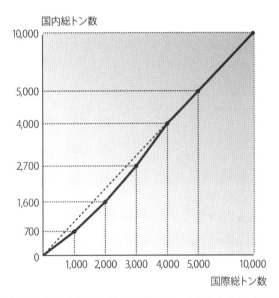

図 1-11　国際総トン数と国内総トン数の関係です。4,000 トン以上では同じですが，4,000 トン以下では国内総トン数の方が少しだけ小さくなっています。

1.7.2　スピード

　船の能力の中で大事なのがスピードで，「ノット」（knot）という単位で表します。地球の標準的な断面における中心角度 1 度の円周距離を基準にした長さである「1 海里（1.852 km）」を 1 時間で進む速度が 1 ノットです。

　ノットを時速（km/h）に直すには，2 倍して 10% だけ引くと概略の値が分かります。例えば 20 ノットは時速 36 km となります。飛行機のスピードは時

速 700 km 程度なので，20 ノットの船でおおよそ 20 分の 1 となります。すなわち，飛行機の 1 時間が，ほぼ船の 1 日に相当することになります。

コラム③　ノットの語源

　船のスピードの単位のノットは，英語の結び目を意味する knot という言葉が語源です。まだ，スピードを測る機器がなかった帆船時代に，船のスピードを測るために，一定間隔で結び目をつけたロープを，船から海に投下して流し，一定時間に出ていく結び目の数を数えました。男性のネクタイの結び方にも，同じノットという言葉が使われています。

　海里は，英語では nautical mile といい，国際単位では 1.852 km ですが，英米で用いられている陸上の距離のマイル（1 mile = 1.6 km）とは違っていますので要注意です。

1.7.3　主要寸法

　船の長さや幅そして喫水も，運航する上でとても大事になります。船の「長さ」は，着岸できる港の制限になりますし，日本の東京湾，伊勢湾，瀬戸内海内の狭水道域では，「巨大船」と定義される 200 m 以上の船舶では，海上保安庁への事前通報，先導船やタグボートの支援をつけるなどが必要となります。このため，この航行制限を受けないように船の長さをぎりぎりの 199.9 m とした船も少なくありません。

　船の「幅」は，例えば大西洋と太平洋を結ぶパナマ運河を通る時の制限となります。2016 年までは，32.2 m がパナマ運河を通過できるぎりぎりの幅で，この幅の船を「パナマックス型」といいます。また長さが 294 m までの船しか閘門に入れず，幅がぎりぎりの 32.3 m でかつ長さもぎりぎりの 294 m の船を「パナマックスマックス型」と呼び，それ以上の大きさの船は「ポストパナマックス型」または「オーバーパナマックス型」と呼ばれていました。2016 年 6 月に，パナマ運河に新しい運河の閘門が出来上がり，幅 49 m，長さ 366 m までの船が通過できることになりました。この大きさの最大船は「ネオ・パナマックス船」と呼ばれます。

　船の「喫水」とは，船底から水面までの深さを表します。荷物を最大限に積んだ時の喫水を満載喫水といい，その高さは船体に満載喫水線マークとして表示されています。また，一般に満載喫水線より下の船体は，赤色などの船底塗料が塗られています。港の航路の水深や着岸するための岸壁での水深が，船の喫水の制限となります。また，スエズ運河やマラッカ海峡などでも喫水の制限があります。

1.7.4　バラスト

　船の安定性や喫水の確保のために，船に積む重りのことをバラストといいます。船底にコンクリートや金属の重りを固定したものは固定バラストと呼ばれ，船内のタンクに海水を入れて重り代わりにするのがバラスト水です。バラスト水は注排水ができるので，積み荷や航海状態によってバラスト量を変化させることができるというメリットがありますが，バラスト水とともに海洋生物や細菌が運ばれて，排出地の生態系を乱すことが問題視されて，バラスト水を排出する時には浄化が求められるようになっています。このバラスト水の管理規定が IMO の規則として 2017 年から発効しています。

　原油タンカーや鉄鉱石運搬船などでは，生産地から消費地までは貨物を満載にして積載しますが，帰りは空荷となり，喫水が非常に浅くなります。こうした状態では，スクリュープロペラの一部が水面上に出たり，荒天時に船首船底が空中に出て波に打ち付けられるスラミングを起こしたりします。このため，大量のバラスト水を積んで喫水を深くする必要があります。また，コンテナ船や自動車専用船などでは，貨物によって重心が上がって不安定になるため，船底のタンクにバラスト水を張る必要があります。

　こうしたバラスト水を積むことは，運賃収入には寄与しない重い貨物を積んで運んでいることと変わらず，船のエネルギー効率を落とすことになるので，バラスト水の削減が模索されています。

コラム④　ノンバラスト船の開発

　日本造船技術センターや大阪府立大学では，ユニークなバラスト水のいらないノンバラスト船が開発されています。

　日本造船技術センターのノンバラスト船は，船体断面を船底へいくほど幅の狭くなる逆三角形型にして，積み荷による喫水変化を少なくし，空船時でもプロペラが空中にで出ないように工夫しました。

　また，大阪府立大学では，推進器として上下可動型のポッド式電気推進を採用してバラスト水を不要としたノンバラスト船を，多くの日本の造船所との共同研究として開発しています。

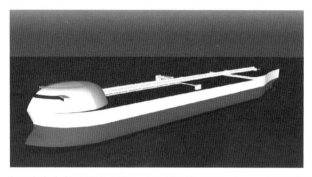

図 1-12　大阪府立大学で開発されたノンバラストタンカー。上下可動式のポッド推進器で軽荷時にもプロペラが没水する深度を確保してバラスト水を削減するだけでなく，丸い船体断面形で水抵抗，水面上船型を流線型にして風抵抗なども低減させています。

≪課題≫

1-1　船が水に浮く原理を説明してください。

1-2　船が大型化できるのはなぜですか。

1-3　スエズ運河とパナマ運河がなぜ建設されたかを説明してください。

1-4　総トン数と載貨重量トン数の違いを説明してください。

1-5　船のバラスト水がなぜ必要なのかと，その問題点を挙げてください。

第2章 外航海運と内航海運

海運事業は，その就航航路の違いから，外航海運と内航海運とに分けられます。前者は外国の港を含む国際航路における海運活動，後者は国内の港の間の国内航路における海運活動を表しています。

2.1 外航海運

外航海運とは，船舶を使って，日本と海外の国の間または海外の国同士の間で，旅客または貨物を輸送することによって収益を得る海運事業を指します。事業の内容としては，荷主（荷物を送る会社または個人）との間で運送請負契約を締結して，荷物を預かり，輸送して届先に引き渡す業務を行い，その対価を得ます。国境を越えての輸送になるため，出入国管理，税関，検疫などの公的な管理を受けることが必要となります。

原料を輸入して，それを加工して付加価値をつけた製品として輸出することで経済が成り立っている加工貿易立国の日本では，多くの貨物を輸出入しています。食料品からエネルギー資源まで，その多くを海外からの輸入に頼っています。こうした日本にとっては欠かせない輸出入貨物の 99.6 %（重量ベース）を船が運んでいます。すなわち，外航海運は，日本にとってはまさに生命線なのです。このため，海上輸送ルート，言い換えれば「シーレーン」の確保が，日本の安全保障上たいへん重要となります。

世界の海上物流量は，2015 年の日本船主協会発行「SHIPPING NOW」の統計によると約 107 億トンで，このうち日本の商船隊が約 10 % を運んでいます。GDP（国内総生産）では，日本は世界全体の約 6 % ですから，日本の海運業は，国力以上の仕事をしており，世界的に見てもずいぶん強い産業といえます。こ

れは明治維新以来，国を挙げて海運業を育成した結果で，今も日本は世界の海運先進国とみなされています。

　かつての外航海運では，港において荷物を受け取って船に積み，船を荷受人の近くの港まで運航して降ろし，港で荷物を引き渡していましたが，現在では，荷主から受取人の所まで1つの契約で一貫して輸送する国際複合一貫輸送が一般的になりつつあります。こうした荷主から荷受人の手元までの輸送をドア・ツー・ドアの輸送といいます。

　国際間の海上輸送については，海運自由の原則があります。この原則では，どこの国の海運会社でも海上輸送を行うことができ，その参入撤退の自由を保証し，貨物の積み取りに政府の介入による不公平をさせず，自由で公正な競争を行うことを基本にしています。ただし，時として国の安全保障などを口実とした政府介入はあります。この原則は，国際慣習法として海運界に定着したものですが，国際条約としては1958年の「公海に関するジュネーブ条約」および1982年の「国連海洋法条約」の中で，「公海における自由航行」，「領海内における無害航行」に関する権限が明記されていますが，前述したような経済的な観点からの「海運サービスの提供の自由」については規定されていません。

　公海における自由航行の権利は，いかなる国の船舶でも公海を自由に航行することができることを保証するもので，領海内における無害航行とは，国の領土の一部として認められている領海であっても，その国に危害を及ぼさない限り自由に航行ができることを保証するものです。国際海峡と呼ばれる海峡は，船は自由に航行ができます。例えば，日本では，津軽海峡などを外国籍船が自由に航行して，ロシア，韓国，中国などへの海上輸送ができます。日本は津軽海峡などでは，領海の幅を現国際規則の12海里から，旧規則の3海里に狭めて，海峡中央を公海として，あらゆる船舶の自由航行を保証しています。

　もともと，海運自由の原則は，オランダやイギリスなどの海運先進国が，発展途上国における自国の海運事業の権益確保のために設けたものでした。その後，海運同盟という一種のカルテルを航路ごとに結成して運賃を統一することによって，海運事業の経済的な安定化を図りました。しかし，海運同盟に所属していない会社の船を実質的に排除するなどの「海運サービスの提供の自由」に相反する面もありました。また第2次大戦後，発展途上国では，国連からの

勧めもあって，経済発展のためにそれぞれの国で海運業を育成する方針をとり，自国に出入する貨物の一定割合を自国籍船で輸送する方針を打ち出して，海運自由の原則とは相反する施策をとりました。こうした流れはあるものの，日本は現在でも，海運自由の原則に基づいた海運施策を続けています。

　外航海運に従事する船舶は，世界共通のルールである国際海事機関（IMO：International Maritime Organization）の各種規則に基づいて建造され，運航されています。世界各地に寄港する外航船が別々の規則を適用されては，その安定した運航が担保できないためです。この国際規則を守らせるための検査組織が，各国にある船級協会です。外航海運に従事する船舶は，船級協会の検査に合格して「船級」を取得しなくては，海上保険をかけることができず，国際航路に就航することができません。IMO の規則に適合していない可能性がある場合には，当該国は入港した時に「ポート・ステート・コントロール」と呼ばれる船舶検査を実施することができ，規則に適合していなければ改善命令，出港停止などの処分が行われます。

　船舶は，それぞれ固有の名前（船名）をもち，また国籍（船籍国）をもち，その国の法律が適用され，これを旗国主義といいます。例えば，船内での犯罪に対しては，犯人の国籍を問わず，船籍国の法律が適用されます。そして，船長の権限で犯人の拘束などを行うことができます。これも旗国主義に基づいています。

　海運産業は大きな初期投資の必要な設備産業としての特性をもっています。例えば，10 万トン級のばら積み船の建造費は 50 〜 100 億円，LNG 船の建造費は 200 〜 300 億円と高額で，かつ造船所の好不況によって建造費の変動が大きいのが特徴です。

　また外航海運は，世界規模の単一市場であるため，各国の海運会社との競争に常にさらされています。したがって，海外の海運会社と同等のコストもしくは安いコストでないと競争ができません。

　しかも世界経済の好不況の大きな波をまともに受けて，海運の運賃は大きく変動します。運賃収入がコストより低くなると，海運会社は船を動かすほど赤字を垂れ流すこととなります。このような運賃レベルを「係船点」と呼び，運賃がこれを下回るようになると，多くの会社が船の係船や解体に動き始めます。

　船の係船や解体が進むと，供給（輸送能力）が減少して需給バランスが改善して運賃が上がり，係船点を超えると海運会社は利益が出るようになります。

　海運の運賃は，好不況だけでなく投機の影響も大きく受けます。海運が活況になって運賃が高騰すると，船での一攫千金を狙う者が多く出てきて，船の建造を新規に発注します。しかし，船の発注から完成までは3〜5年はかかるのが普通ですので，完成した頃には好況は過ぎて，不況となることも珍しくありません。こうして，需要と供給のバランスがくずれ，船腹過剰に陥って運賃が暴落するというように，好不況を繰り返しています。

　為替レートの影響も大きく，円高になると日本の外航海運企業は減益になります。また，船の運航コストの中の大きな割合を占める燃料コストは，原油価格の影響を受け，価格が高騰すると燃料費の増大により減益に陥ります。

　紛争や経済危機などの影響も外航海運の市況に大きな影響を及ぼします。

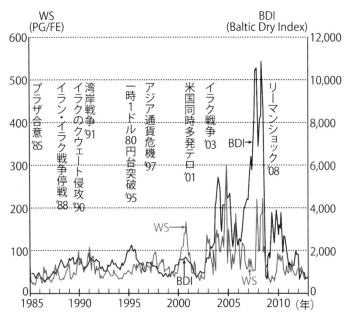

図2-1　タンカー（WS）とばら積み船（BDI）の運賃指標の変動を表しています。種々の社会要因によって運賃が大きく変動しています。

図 2-2　船の船尾には船名と船籍港が
　　　　書かれています。船籍港から,
　　　　その船の国籍が分かります。
　　　　IMO 番号は各船固有のナン
　　　　バーで, 船主や船名が変わっ
　　　　ても変わりません。

図 2-3　船の船尾にはその船籍国の国
　　　　旗が掲げられています。船の
　　　　中では, その船籍国の法律が
　　　　適用されます。

2.2　内航海運

　内航海運とは, 日本国内の港の間での海上輸送によって収益を得る海運事業です。

　内航海運の特筆すべき特徴は, カボタージュ規制という法律によって, 日本籍船（日本の国籍をもつ船舶）だけが輸送に携わることができるということです。すなわち, 外国籍の船舶は, 日本国内の港の間での人や貨物の輸送を, 事業として有料で行うことができません。この規制は, 世界的に見てもほとんどの国が制定しているグローバルスタンダードといえるもので, 自国内での人流・物流を安定的に確保するための安全保障上の意味合いが強いものです。また, 自国船員による海技の伝承, 海事関連産業や地域経済の振興のためにも必要な制度とみなされています。

　以下, 内航海運について, 内航客船航路, 内航貨物船航路, そして離島航路に分けて説明します。離島航路は内航客船航路と内航貨物船航路に含まれますが, 独特の特性をもっているので, ここではあえて分けて説明します。

2.2.1 内航客船航路

内航海運のうち，旅客を運ぶ旅客船や旅客カーフェリーは，海上運送法で旅客船定期航路事業または旅客船不定期航路事業として規制されています。2016年の時点で，定期航路事業は395社，不定期航路事業は551社あり，2,223隻の旅客船が稼働しています。年間輸送旅客数は8,629万人，人・キロでは約30億人・キロですが，1975年時点に比べるとほぼ半減しています。ただし，2010年以降はほぼ一定の実績になっています。

内航客船のうち，車も運ぶカーフェリー（日本では単にフェリーと呼ぶことが多い）は288隻で全体の13%ですが，総トン数では89%を占めており，カーフェリーの方が純客船よりもかなり大型なことが分かります。自動車の輸

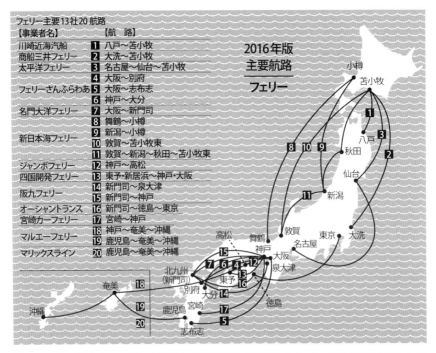

図2-4　日本国内のフェリー航路は，陸上交通の幹線とともに，海上交通幹線として重要な役割を担っています。特に，最近，大震災時に陸上交通網が寸断した時の役割が見直されています。

送実績は 1,134 万台で，トラックが 34%，乗用車などが 66% となっています。

　内航旅客船の輸送量が減少しているのは，離島や地方の過疎化による需要減少，飛行機や陸上交通への旅客シフト，さらに橋や海底トンネルなどの整備による航路の廃止の影響です。

　また，長距離フェリー（300 km 以上のカーフェリー航路）は，陸上交通との競合があり，例えば，高速道路の料金が安く設定されると打撃を受けて衰退をします。この点については詳しく後述します。

2.2.2　内航貨物船航路

　一般的に内航海運のうち，沿岸に沿う航路での貨物輸送については，陸上の鉄道輸送やトラック輸送と競合しており，高速道路網などの道路整備に伴って次第に減少していますが，2014 年の時点で約 5,200 隻の内航貨物船が稼働しており，国内貨物輸送量の約 44%（輸送貨物トン・キロベース）を担っています。特に，産業基礎資材と呼ばれる石油製品，鉄鋼，石灰石，セメント，製造工業品などはほとんどが内航船によって運ばれています。

　内航海運に従事する船舶は，日本国政府による監督のもとに建造されて，日本国籍をもち，JG 船（Japanese Government の意）と呼ばれています。船を運航する船員についても，船の大きさに応じて日本政府が認める海技資格を有する船員を，その定員分だけ乗せる必要があります。

　日本の内航貨物船は，外航貨物船に比べると小型船が多いのが特徴です。1,000 総トン以上はわずか 10.3% にすぎず，499 総トン以下の船が 78.7% を占めています。ただし，499 総トンの小型内航貨物船でも約 1,600 トンの貨物を運ぶことができるので，10 トントラック 160 台分の輸送を 1 隻で担うことができます。このように，船は一般的に大型なほど運航コストが低減されますので，小型船の多い内航船は，外航船に比べると輸送効率が悪く，相対的には運賃が高くなります。

　また内航海運は企業規模も小さく，資本金 5,000 万円未満の法人と個人が 91% を占めています。運航隻数 5 隻以上が 28%，1 隻だけを運航する一杯船主とも呼ばれる船主兼運航事業者が 38% も占めています。

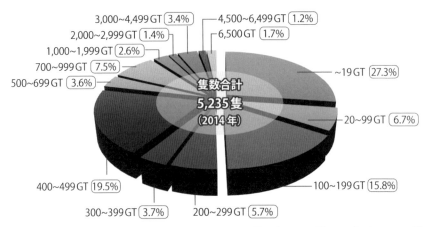

図 2-5　内航海運に従事する貨物船の隻数と総トン数分布。499 総トン（GT）以下の船が 4 分の 3 以上を占め，1,000 総トン以上の大型船は少ないことが分かります。

2.2.3　離島航路

　日本の離島のうち，人が居住している有人島は 418 島あり，約 60 数万人が住んでおり，その島を結ぶ船の航路は離島航路と呼ばれています。2016 年の時点で，292 航路に 548 隻の旅客船が就航しており，年間 4,300 万人前後の人を運んでいます。事業者は 151 社が民営，48 社が公営（地方公共団体の運営），32 社が第 3 セクターです。赤字の航路には公的補助がなされており，最近は，船舶は公的予算で建造し，運営を民間事業者に任せることで，使用船舶の老朽化を防ぎ，かつ民間の経営努力を促す新しい施策もとられるようになっており，「公設民営」，「上下分割方式」とも呼ばれています。離島の過疎化により，離島航路の維持が難しくなっていますが，海上の道路としての機能が衰退すると，過疎化のさらなる進展も招くので，適正な維持を行い，離島の活性化に寄与することが求められています。

　内航の貨物輸送は，内航海運業法によって規制されます。この法律は，内航海運の健全な運航，安全を確保して公共の福祉を増進することを目的として 1952 年に作られました。

　2005 年には，許可制が登録制に規制緩和され，同時に内航運送業と内航船舶貸渡業の事業区分も廃止されました。

コラム⑤　運航水域

　船舶安全法では，船舶が運航できる水域を平水区域，沿海区域（海岸から
12 海里の領海内），近海区域，遠洋区域と分けており，平水および沿海区域が
内航海運の主な運航水域となります。それぞれの水域で運航できる船舶の要件
が異なっており，平水，沿海，近海，遠洋と求められる安全性が高くなります。
ただし，小笠原諸島，大東島諸島，奄美・沖縄諸島，八重山諸島，宮古島諸島
は本来近海区域になっていましたが，1995 年に，特別に限定近海区域として
設定され，その一部において近海区域航行船より簡易な設備の船での運航が可
能になりました。

≪課題≫

2-1　外航海運と内航海運の違いを説明してください。

2-2　海運自由の原則とは何ですか。

2-3　外国籍の船は，他国の領海内を航海できますか。

2-4　外航船舶の規則はどこで作られていますか。

2-5　ポート・ステート・コントロールとは何ですか。

2-6　内航海運に従事する船舶の運航には何か制限がありますか。

2-7　外航海運と内航海運の会社および使用船舶を比較してください。

第3章 定期船と不定期船

　海運に携わる船は，その運航の仕方によって定期船と不定期船に分けられます。

　定期船は，一定の航路を決められたスケジュールに従って運航され，運賃をとって人または荷物の輸送を行う船で，英語ではライナーと呼ばれています。たとえ，人や貨物が少なくても，勝手に運航を取りやめることはできません。かつては，貨客船，客船，一般貨物船などが，定期航路に就航して旅客や雑貨を運んでいましたが，今では大洋を渡る長距離の旅客輸送は航空機が担うようになり，貨物輸送の定期航路には，いろいろな貨物を混載する一般貨物船に代わって，コンテナに貨物を詰めて運ぶコンテナ船が就航するようになっています。

3.1　定期客船

　まず，外航の定期客船について説明しましょう。かつて，大西洋や太平洋などの大洋を渡る航路には大型で高速のパッセンジャーライナーとも呼ばれる定期客船が就航していました。多くの船は，運賃によって1～3等に等級分けされていて，1等は富裕階級のための豪華な設備をもち，最高級のサービスが提供されていました。一方，3等には新天地を目指す移民の人々が多く乗船していました。

　この定期客船は，世界的な航空機網の発達で，1970年代には，大西洋や太平洋などの大洋を渡る長距離航路からはほぼ姿を消しました。その理由は，飛行機と船の大きなスピードの差にあります。飛行機の1時間が船の1日と考えてよいほど，そのスピードに差があります。その結果，ほとんどの旅客は飛行

機を利用するようになり，定期客船を利用する旅客は 1960 年代終わりには激減しました。定期客船の旅客需要の中で中心的であった移民の輸送も少なくなり，飛行機を利用して移動するようになりました。

　この定期客船産業に代わって，今では世界中で，船で観光地を巡るクルーズ産業が急成長しています。現在，急成長しているクルーズは，1960 年代にカリブ海で誕生した現代クルーズと呼ばれる，客船を使った新しいバケーション産業です。この現代クルーズは急成長して，2015 年時点で，世界で 2,300 万人以上が利用し，約 13 兆円産業となっています。定期客船の時代には最大 8 万総トン程度であった客船の大きさも，現代クルーズに使われる客船は最大 23 万総トンと 3 倍近くの大きさにまでなっています。このクルーズ客船については後ほど詳述します。

　一方，1 〜 2 泊程度までの中距離航路には，旅客カーフェリーと呼ばれる貨客船がスケジュールに従って定期的に就航しており，これが現代の定期客船といえます。この定期客船の 1 つが，日本国内の航路長が 300 km 以上の航路に就航している長距離フェリーと呼ばれる船です。これらの長距離フェリーは内航定期船に分類され，その多くが沿岸に沿った航路に就航しており，陸上の道路の補完的な役割をもっています。

　また，日本発着の国際フェリーも定期船で，現在，日本と韓国，中国，ロシア間の航路があります。まず，博多と韓国の釜山を結ぶ航路には，大型の旅客カーフェリーの他，高速でかつ乗り心地もよいジェットフォイルなどの高速旅客船が就航しています。また，下関，神戸，大阪から韓国と中国とを結ぶ大型旅客フェリー，山陰の境港と韓国およびロシアを結ぶ大型旅客カーフェリーも就航しています。

　数時間までの航海時間の短距離航路には，旅客カーフェリーや高速旅客船が定期船として就航しています。高速旅客船は，比較的小型で旅客定員も少ない純客船が主流で，22 〜 40 ノットの高速力を誇っています。一方，小型旅客カーフェリーは 15 ノット前後の船がほとんどですが，中には 30 ノット以上の航海速力を誇る高速カーフェリーも少ないながらあります。

　海外に目を転じると，欧州はカーフェリー先進国で，域内の各国を結ぶ長距離国際フェリー航路がたくさんあり，活況を呈しています。また，フランスとイギリスを結ぶ海峡横断航路などの中・短距離航路にも，たくさんの大型旅客カーフェリーや超高速カーフェリーが就航しています。クルーズフェリーと呼ばれる定期カーフェリーで，船旅を楽しむ観光需要を取り込む船も登場しています。

　東南アジアでは，フィリピンやインドネシアの国内航路にはカーフェリーがたくさん就航しており，香港とマカオの間やシンガポールとインドネシアの間のような短距離航路にはジェットフォイルや高速双胴旅客船がたくさん就航しています。

コラム⑥　飛行機と対抗するには船の高速化が必要？

　客船が飛行機にスピードで負けて打倒されたのであれば，飛行機並みのスピードの出る客船を造ればと，つい考えてしまいますね。確かに，世界で最も速い船は，時速 500 km を越えており，ほぼ飛行機並みのスピードを出しました。しかし，その船はジェットエンジンを積んだ，たった一人の操船者だけを乗せることのできる小型ボートで，現在，オーストラリアの海事博物館で展示されています。船は，密度が空気の 800 倍の水の中を走るので抵抗が大きく，スピードが上がると抵抗がうなぎ上りに上がって，時速が 100 km 以上では空中を飛ぶ飛行機に経済的にとうてい太刀打ちができないのです。それぞれの輸送機関に，最適なスピードがあることを知っておくことが大事です。

❖写真で見る定期客船からクルーズ客船への変遷❖

図 3-1 出港する「タイタニック」。かつては大西洋や太平洋を横断して旅客を運ぶ定期客船が海運の花形でした。処女航海で沈没して 1,500 人余りの犠牲者を出した英国客船「タイタニック」もその 1 隻でした。

図 3-2 外国航路の定期客船が出港する時には，港は見送りの人々であふれました。かつての日本の港での出港風景です。紙テープが乗客と見送り人の間をつないでいます。

図 3-3 定期客船の多くは 1970 年代になってクルーズに転用されましたが，ほとんどが事業に失敗して姿を消しました。この写真の P&O の「キャンベラ」はイギリスとオーストラリアを結ぶ定期客船でしたが，クルーズに転用され，世界一周クルーズで日本に何年か寄港しました。その後，撤退しました。

図 3-4 新しいバケーションビジネスとしてのクルーズ産業が，1960 年代にカリブ海で新しく立ち上がり，今では定期客船時代をはるかに凌駕する客船産業になりました。写真は 22 万総トンの超大型クルーズ客船「オアシス・オブ・ザ・シーズ」です。
（写真提供：RCI）

❖写真で見るカーフェリーの変遷❖

図3-5　関門海峡に就航した第四関門丸は，旅客カーフェリーの走りでした。このように，最初は川や海峡を渡る短い航路に，旅客と車を一緒に運ぶ旅客カーフェリーが登場しました。

図3-6　かつて定期旅客船が就航していた韓国との国際航路にも，旅客カーフェリーが登場しました。

図3-7　国内離島航路にも定期客船として旅客カーフェリーが就航するようになりました。写真は，北海道の羽幌と天売島，焼尻島を結ぶカーフェリーです。

図3-8　長距離の定期客船は姿を消しましたが，1～2泊程度の距離の定期航路には，車とともに旅客を運ぶ旅客カーフェリーが活躍するようになりました。写真は，新門司港の阪九フェリーのターミナルに停泊中の大型の長距離フェリーです。

コラム7　フェリーとは

　日本でフェリーというと，旅客と車を運ぶ船を指しますが，もともとの英語のフェリーの意味は「渡し船」で，比較的短距離の定期客船を指します。したがって，海外では，旅客だけを運ぶ客船もフェリーといいます。例えば，香港のスターフェリーは旅客しか運びませんが，フェリーと呼ばれています。

　日本を含む非英語圏では，カーフェリーという言葉が，旅客と車を運ぶ船を意味するものとして広く使われています。しかし，英語圏では，カーという言葉にはトラックやバスなどを含まないので，カーフェリーといえば，厳密には，旅客と乗用車だけを運ぶ船を指します。最も一般的になりつつあるのが RoPax（ロパックス）という言葉です。Ro は RoRo，Pax は旅客を意味します。すなわち RoRo 荷役形式の客船という意味です。

図 3-9　この写真は，香港（中国）の香港島と九龍半島を結ぶスターフェリーです。旅客だけ運ぶ船ですが，フェリーと呼ばれています。フェリーの語源は「渡し船」であり，車も乗せる船を指すわけではないことが分かります。

3.2　定期貨物船

　さまざまな製品などの雑貨を運ぶ貨物船にも，決まった航路をスケジュール通りに運航される定期航路があり，前述したように，かつてはそれぞれの貨物を梱包して貨物倉に混載する一般貨物船と呼ばれる船が就航していました。しかし，今では定期航路に就航するのはコンテナ船が主流になっています。国際航路の中でも，北米航路や欧州航路などの幹線航路には，4,000 〜 20,000 個（TEU）のコンテナを積載できる大型コンテナ船がたくさん就航しています。

図 3-10　かつては荷役（荷物の積み降ろし）用デリックをたくさんもった一般貨物船が，定期貨物船として定期航路に就航していました。梱包した荷物を船倉に積み揚げて運びますが，港での荷役に 1 週間以上もの時間がかかるのが欠点でした。

図 3-11　1960 年代後半からコンテナ船が定期航路で活躍するようになり，一般貨物船に代わって定期船として定着しました。最初の頃のコンテナ積載数は700 〜 1,000 個（TEU）で，在来型一般貨物船よりも約 2 倍の大きさがありましたが，港での荷役時間が大幅に短くなりました。

　コンテナとは，金属（鋼鉄またはアルミ）製の規格化された箱で，国際的には長さが 20 フィートと 40 フィートのものが主流です。20 フィートコンテナは，コンテナ自体の重さも含めて 24 トン，40 フィートコンテナでは 30 トンまでの貨物が積載できます。最近は，45 フィートコンテナも使われるようになりつつありますが，日本では一部地域を除いて道路を走ることが法律上できないので，その普及はまだ進んでいません。コンテナの幅は 2.438 m，高さは 2.591 m が標準で，最近は高さが 2.896 m の背高コンテナも使われるようになりました。

　一般雑貨を収納するドライコンテナだけでなく，冷凍物用の冷凍コンテナ，穀物などを運べるバルクコンテナ，液体貨物を収納できるタンクコンテナ，自動車用コンテナなどの各種のコンテナが輸送ニーズに合わせて開発されています。

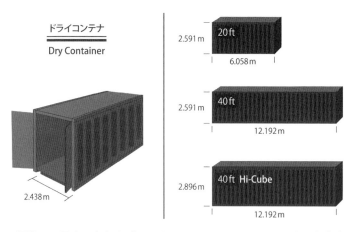

図 3-12　標準コンテナの大きさ（http://www.sogo-unyu.co.jp/useful/ を参考に作成）

図 3-13　液体貨物用のタンクコンテナ

　内航航路のコンテナ船では，12 フィートコンテナも使われています。このコンテナは JR 各社の貨物列車による鉄道輸送にも使われており，貨物のボリュームがまとまらない国内輸送などには適した大きさといえます。

　コンテナ船の積載能力は，積めるコンテナの数で表されますが，種々の長さのコンテナがあるので，数え方の統一が必要でした。そのため，20 フィートコンテナに換算して積載コンテナ数の搭載能力を表すことが一般的になっており，TEU（Twenty-feet Equivalent Unit）という単位が使われています。1960 年代に太平洋航路に登場した日本のコンテナ船は 750 TEU 積みが主流でしたが，現在では，最大で 2 万 TEU 積みの超大型コンテナ船も登場しています。

　コンテナ船の最大のメリットは，港での荷役時間が短いことです。かつては，1 万総トン型の一般貨物船は港での荷役に 5 〜 10 日もかかっていましたが，大型のコンテナ船でも，1 〜 2 日で荷役が完了します。

　また，港と荷主の間は，シャーシに乗せてトレーラーヘッドで牽引して，そのまま運ばれます。こうした荷出人から荷受人の玄関口間の輸送が可能なこともコンテナ輸送の大きなメリットです。すなわち，「ドア・ツー・ドア」の輸送が可能となるのです。

図 3-14　コンテナ船のデッキ上に積載されている 40 フィートコンテナ（左）と 20 フィートコンテナ（右）です。

図 3-15　日本の JR 貨物では，船舶用コンテナより小型の 12 フィートコンテナが使われています。貨物需要の小さい一部の内航航路でもこのサイズのコンテナが使われています。

コラム⑧　コンテナ海上輸送のパイオニアは？

　1956 年，アメリカのシーランド社は，北米沿岸航路に世界初のコンテナ船「アイディアル X」を就航させました。これがコンテナの海上輸送の始まりです。シーランド社の創業者のマルコム・マクリーンは，トラック事業を行っていましたが，長距離のコンテナ輸送を一度に大量に運べる船で行うことを考えて，その専用船を考えたのです。新興海運会社のシーランド社は，大西洋横断航路，太平洋横断航路にもコンテナ船を投入して，世界のコンテナ船業界をリードしました。シーランド社が使ったコンテナは 35 フィートのものでした。その後の世界的な規格争いに敗れ，かつ 30 ノットの大型高速コンテナ船を 8 隻建造した時にオイルショックが襲い，マクリーンは失意のうちにシーランド社を去ります。

　マクリーンが亡くなった時には，世界中の港でコンテナ船が哀悼の汽笛を鳴らしたといいます。マクリーンが生み，育てたシーランド社は，後に，マースクラインに吸収されました。

図 3-16　コンテナ海上輸送の父
　　　　マルコム・マクリーン
　　　　（写真提供：シーランド社）

図 3-17　世界最初のコンテナ専用船「アイディアル X」。戦時標準タンカーを改造し，北米沿岸航路でデッキにシャーシに乗せたコンテナを積んで運びました。（写真提供：シーランド社）

　今では世界中に張り巡らされているコンテナ船航路ですが，その中でも北米とアジア，欧州とアジアを結ぶ長距離の幹線航路では，寄港する港を限定して効率のよい大型船で大量輸送し，その周辺の地域には一回り小型のコンテナ船に積み替えて運ぶ「ハブ＆スポークシステム」が取られており，中心となる港を「ハブ港」といい，ハブ港から放射状に展開される航路をフィーダー航路といいます。このフィーダー航路にも定期船が運航されています。世界的なハブ港としては，欧州ではロッテルダム港（ユーロポート），東南アジアではシンガポール港や香港港，東アジアでは釜山港と上海港などが有名です。

　比較的短距離の外航および内航フィーダー定期航路には，小型コンテナ船だけでなく，スピードの速い旅客カーフェリーや RoRo 貨物船なども運航され，コンテナも輸送しています。

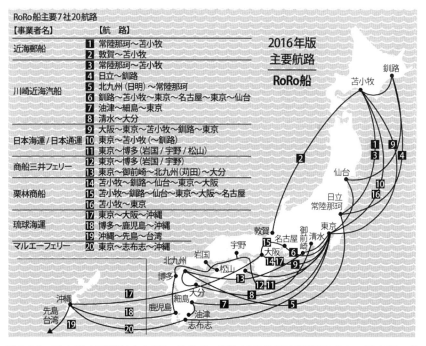

図 3-18　日本国内で運航されている RoRo 貨物船の主要定期航路です。国内間の貨物だけでなく，関東や関西のコンテナターミナルで輸出入される外貿コンテナの輸送も行っています。

　RoRo 貨物船は，旅客カーフェリーと同様にランプウェイを通して車両を自走で船内に積載して運びますが，旅客定員は 12 名以下の貨物船です。このRoRo 貨物船の一部も定期船として運航されています。貨物船なので，安全規則が旅客船より緩くなっており，船員数も少ないので，運航コストを旅客カーフェリーよりも低く抑えることができます。一方，有人トラック（ドライバーが一緒に乗船するトラック）を 12 台以上は乗せることができないという短所があります。

コラム⑨　特殊コンテナ

　コンテナで運ばれる貨物の多様化によって，実にさまざまなコンテナが開発されています。例えば，マイナス 50 度以下という超低温の「ウルトラフリーザー」は，ドライアイス式と機械式があり，冷凍マグロの輸送に使われています。また，CA コンテナは，コンテナ内の空気を調整することで，青果物の鮮度劣化を防ぐ特殊コンテナで，窒素を充填したりして酸素濃度を下げて，果物や野菜の呼吸を抑制しています。CA は，Controled Atmosphere の略です。このようにコンテナ自体もどんどん進化をしています。

3.3　不定期船

　決まった航路を定期的に運航される定期船とは違って，海上輸送のニーズに合わせて不定期に運航される船は不定期船と呼ばれ，英語ではトランパーといいます。不定期船は，需要に応じて何でも運びますが，最も多いのは，鉄鉱石，石炭，穀物などの固形（ドライ）貨物と，油，液化ガスなどの液体貨物です。

　特に，固形貨物を梱包せずに貨物倉にそのまま積載して運ぶ，ばら積み船（バルクキャリア，バルカーなどとも呼ばれます）が最も隻数の多い船種です。固体貨物を運ぶためドライバルクキャリアと呼ばれています。鉄鉱石の輸出国は，オーストラリア（7.7 億トン），ブラジル（3.26 億トン），南アフリカ（6,530 万トン），カナダ（3,530 万トン）などで，輸入国は中国（9.5 億トン），日本（1.3 億トン），欧州（1.22 億トン），韓国（7,330 万トン）の順になってい

ます。

　石炭には，製鉄などに使われる原料炭と，火力発電などに使われる一般炭が
あり，いずれもばら積み船で運ばれており，輸出国は，オーストラリア（3.8
億トン），インドネシア（3.66 億トン），ロシア（9,150 万トン），コロンビア
（7,930 万トン），南アフリカ（6,530 万トン），米国（5,160 万トン），カナダ
（2,720 万トン）で，輸入国は，インド（2.1 億トン），日本（2.1 億トン），中国
（2 億トン），欧州（1.9 億トン），韓国（9,850 万トン）の順になっています。

　穀物については，米国（7,920 万トン），欧州（4,810 万トン），カナダ（2,910
万トン），アルゼンチン（2,680 万トン），オーストラリア（2,350 万トン）など
が輸出国で，中国（6,950 万トン）と日本（2,725 万トン）が主要輸入国ですが，
各国での天候による生産高によって変動し，場合によっては輸出国が輸入国に
なる場合もあります（上記のカッコ内は 2015 年の輸出入実績）。

　この他に，石油，液化ガスなどを運ぶタンカー，自動車専用船（PCC，
PCTC）などの各種専用船も不定期船に分類されます。

　なお，特定の荷主との長期の契約で，決まった航路をスケジュールに従って
輸送に携わるばら積み船やタンカーは，あたかも定期船のような一定の航路を
ほぼ定期的に運航される形態をしていますが，不特定の荷主の荷物の輸送を請
け負い，需要にかかわらず定期的に運航される定期船とは違うものなので，不
定期船に分類されています。

　不定期船の運賃は，その時々の需要と供給によって次頁の図 3-19 のように
大きく変動します。

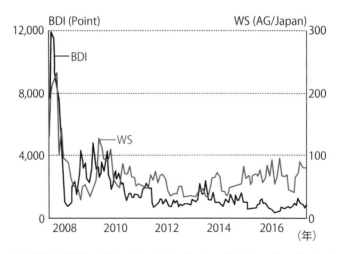

図 3-19　不定期船の運賃の変動。BDI（バルチック・ドライ・インデックス）はばら
　　　　 積み船，WS（ワールド・スケール）はタンカーの運賃指標です。2008 年
　　　　 に急落した後も，大きな変動を繰り返しています。

≪課題≫

3-1　定期船と不定期船の違いを説明してください。

3-2　長距離の定期客船が姿を消した原因を説明してください。

3-3　現在の定期客船にはどのようなものがありますか。

3-4　外航の定期貨物船航路には，どのような船が就航していますか。

3-5　外航海運の運賃が大きく変動するのはなぜですか。

海運事業

　海運事業が行う海運業務は，大別すると，船舶の運航，船舶の調達，船舶の管理からなっており，それぞれ運航オペレーター業務，船舶調達，船舶管理と呼ばれています。

4.1　海運会社

　定期船や不定期船を運航して人や貨物を運ぶことで収益をあげるのが海運会社で，船会社またはオペレーターとも呼ばれます。

　外航の幹線定期航路を運航する会社としては，日本では商船三井，日本郵船，川崎汽船の3社があります。かつては，山下新日本汽船，ジャパンライン，昭和海運などの海運会社も定期航路を運営していましたが，1964年の海運集約によって大手6社となり，さらに1999年には現在の大手3社に統合されました。2016年の時点で，この3社の運航する船舶は，定期船と不定期船で下記のとおりです。なお，DWは載貨重量トンの意味です。

- 日本郵船（NYK）：運航船舶771隻，6,153万DW
- 商船三井（MOL）：運航船舶830隻，5,864万DW
- 川崎汽船（K Line）：運航船舶552隻，4,289万DW

　この大手3社の定期航路部門（コンテナ船部門）は，2017年に統合されて，オーシャン・ネットワーク・エクスプレスという1つの運航会社になりました。

　日本の大手海運会社3社は，2017年に定期コンテナ船部門を切り離したので，3社ともに各種の不定期船を運航する総合的海運会社となりました。また，アジアの水域で運航する近海船，日本国内で運航する内航船を運航する子会社を

もっています。こうした総合的な海運事業を展開するのは，日本の大手海運会社の大きな特徴となっています。

　世界には，不定期船だけを運航する海運会社は数多くあります。各種の不定期船を運航している会社もあれば，ばら積み船，自動車専用船，重量物運搬船，ケミカル船などの特定の船種の運航に特化している会社もあります。前者は総合的海運会社，後者はそれぞれの得意とする分野に特化したスペシャリスト集団ということになります。

コラム⑩　海運会社によって違うファンネル

　船を運航する海運会社を見分ける方法として，船の煙突（ファンネル）を見る方法があります。日本郵船の運航する船は黒の煙突に白地に赤の2本の線が入っています。商船三井はオレンジ色の単色，川崎汽船はKのマークが入っています。

図 4-1　日本郵船のクルーズ客船「飛鳥 II」のファンネル

4.2　アライアンス

　海外では，特にコンテナ船による定期航路だけを運営する会社が多く，それらの会社の集約が進み，コンテナ船部門でのメガキャリアと呼ばれる巨大海運会社が活躍しています。2013 年の統計によると，最もたくさんのコンテナ船を運航するのが，デンマークのマースクライン，続いてスイスの MSC（船舶本部はイタリアのナポリ），フランスの CMA-CGM，台湾のエバーグリーンとなっています。また，2016 年には，中国の 2 社が合併して，CMA-CGM と肩を並べる規模になりました。日本の商船三井は 10 位，日本郵船は 11 位，川崎汽船が 17 位にランクされていましたが，2017 年に統合されてオーシャン・ネットワーク・エクスプレス（ONE）となり，6 位になりました。

　こうした幹線コンテナ航路での厳しい競争の中で，海運会社の買収，合併が繰り返され，2005 年には，海運先進国であったアメリカ，イギリス，オランダの大手コンテナ船運航会社がすべて姿を消しました。

　コンテナの海上輸送量自体は急拡大をしていますが，その中での海運会社としての生き残りはなかなか難しいことを如実に表しています。

　こうしたコンテナ海上輸送の世界展開の中で，アライアンスの形成が進みました。アライアンスは直訳すると「同盟」となりますが，かつての航路ごとの協定運賃を設定した海運同盟（Shipping Conference）とは違って，国際的な海運企業間の提携を意味し，実質的な寄港頻度の増加，大型化による運賃の低減，幹線航路の効率的な運航，ハブ港からのフィーダー航路へのスムーズな接続などを目的としたものです。

　2014 年時点において，世界では 20 社余りの海運会社が幹線航路にコンテナ船を配船していて，国際的な海運会社が提携したグランド・アライアンス，ザ・ニュー・ワールドアライアンス，CKYH アライアンスなどや，メガキャリアを中心としてグループ化しているマースク，エバーグリーン，CMA-CGM，COSCO-CSCL がそれぞれのサービスを展開していましたが，その後も目まぐるしくアライアンスが再編されています。

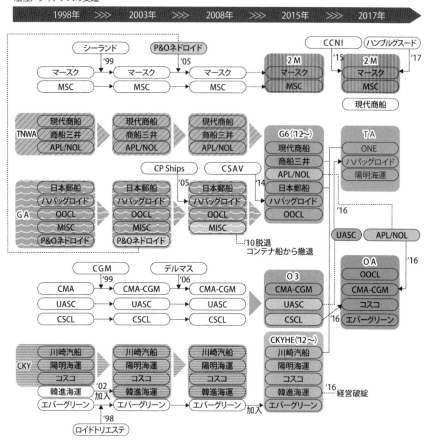

船社アライアンスの変遷

TA：ザ・アライアンス / OA：オーシャン・アライアンス / GA：グランド・アライアンス
TNWA：ザ・ニューワールド・アライアンス / ONE：オーシャン・ネットワーク・エキスプレス

図4-2　コンテナ定期船運航会社のアライアンスの変遷を示しています。ザ・アライ
　　　アンスに属する日本の3社のコンテナ部門は，2017年に合併して1つの会
　　　社ONEとなりました。

コラム⑪　アライアンスの効果

　コンテナ船の世界では，各港に定曜日（同じ曜日）に寄港するウイークリーサービスが一般的になっています。例えば，東アジアから北米西岸航路を考えると，東アジア側で高雄，厦門，香港，塩田，名古屋，東京の6港，北米でタコマとバンクーバーの2港に寄港する航路では片道約25日となり，ウイークリーサービスのためには6隻のコンテナ船が必要となります。日本〜北米東岸だと片道約35日で9隻，欧州航路だと片道約40日で10隻余りのコンテナ船が必要となります。アライアンスを組むことによって，各社が運航するコンテナ船の隻数は減り，少ない隻数でのウイークリーサービスが可能となります。日本の海運会社によるコンテナ船の海上輸送が始まった1960〜1970年代に，各社ともに1〜2隻の船しか建造できなかったため，各コンテナ船のスペースを融通しあうスペースチャーターというシステムを導入しましたが，これによく似ています。

4.3　海運業の構成企業・団体

　海運業では，海運会社を中心にさまざまな企業，団体が密接・間接に関わっています。以下に，その一部を紹介します。

　まず，海運事業を行うためには，人や荷物を運ぶ「船」が必要です。この船の所有者を船主またはオーナーといいます。船を運航する海運会社が，船の所有者である船主の場合もありますが，船を所有して，海運会社に貸し出して利益を得る専業の船主もあります。船を貸し出すことを用船（傭船とも書く。英語ではチャーター）といい，船だけを貸す場合と，運航する船員もつけて貸し出す場合があります。前者を裸用船といいます。

　海運会社（船会社）は，荷主から荷物の輸送を請け負い，自社所有船またはチャーター船を使って輸送をして，その対価として運賃をとって利益を得ます。

　かつては，海運会社自身が船主であり，船舶の運航も直接行うのが普通でしたが，今では，他の船主から用船した船舶を利用する比率が増え，さらに船舶の運航管理を専門で引き受ける会社も出てきました。こうした業務を行う船舶

管理会社と呼ばれる専門業者は，船主または船会社から船舶の管理を請け負って，船の運航，船員の配乗などを行います。また，船主が自ら船舶管理を行う場合も多くあります。

　船を建造したり，検査と修理をするのが造船所です。船主，海運会社にとっては，ハードとしての船舶の供給と維持管理における重要なパートナーとなります。また，船を建造する場合には，資金を調達するための金融機関や商社が非常に重要な役割を演じます。

　船級協会は，船舶とその設備が，国際規則，各国の法規，そして協会の定める基準に合致していることを検査し船級を出します。船の船籍国政府から検査を委任されて検査をしています。この船級を取得しないと船舶保険に入ることができないため，船舶は必ず船級をとっています。また，日本国内だけで運航される内航船については，日本国政府が自ら検査をし，JG船と呼ばれています。

　海運事業では保険会社も大きな役割を演じています。高価な船舶を使い，乗客および顧客から預かった大事な荷物を運ぶわけですが，大自然である海の上を航海するにあたってはたくさんのリスクがあるためです。保険会社は，船舶および積荷の損傷などに対して船主や海運会社から保険を引き受け，被害に応じた保険金を支払うことで，常にリスクを負っている海運会社の継続的な経営を可能としています。

4.4　海運と港

　巨大なインフラストラクチャー（社会基盤）で，巨額の建設費と運営費が必要な港湾は，一般的には公的機関が管理しており，港湾当局と呼ばれます。国または地方自治体がもつ港湾局（Port Authority）が港の整備と管理を行う場合が多いですが，最近は，一部で民営化も進んでいます。

　外航船による輸出入貨物への関税を徴収する税関，海上保安庁や海上警察などの公的な組織もあります。

　さらに，各種の民間企業があり，主な事業者としてはフォワーダー，港湾荷役会社，船舶代理店，給油業者，給水業者，シップチャンドラー，水先人（パ

イロット），曳船業者，通船業者，ターミナルオペレーター，通関業者，通信業者などがあります。

　フォワーダーとは，不特定多数の荷主から貨物を集めて，仕向地ごとに仕分けして，海運会社にその輸送を委託する事業者です。

　船舶の貨物の荷揚げ，荷降ろしをする港湾荷役会社は，ステベと呼ばれています。ステベは英語の stevedore の略で，かつての船舶への貨物の荷役を担当した沖仲士に由来しています。沖仲士の仕事は重労働で，腕力の強い荒くれ者が多く従事し，マフィアや暴力団のルーツにもなったので，沖仲士という言葉は次第に使われなくなり，港湾労働者と呼ばれるようになりました。

図 4-3　日本でもまだ港湾整備が遅れていた頃，岸壁が空いていない場合には，船はブイに係留された状態で，海上でバージに貨物を積み降ろししました。その頃に活躍したのが沖仲士と呼ばれる船の荷役職人でした。

図 4-4　一般貨物船は港で1週間近くかけて荷物の積み降ろしをしていました。岸壁に挙げられた荷物の破損や盗難も多く，大きな問題となっていました。これを一気に解決したのがコンテナ船でした。

　倉庫会社は，港から出る貨物，港に到着した貨物の一時的な保管を行うための倉庫を運営しています。埠頭にある倉庫は上屋と呼ばれます。

　船舶代理店は，各港で，船舶の出入港，荷役などの管理を行います。主要港湾では海運会社の子会社が直接代理店業務を行う場合もありますが，その数は限られているので，代理店に業務を委託する方が便利なためです。

　給油業者，給水業者，シップチャンドラーは，船に油，水，各種の雑貨や食料品を販売しています。

　水先人は，各港や水域において船長の操船を補佐するベテランの操船者で，パイロットボートで沖合の船まで行って乗船し，船を安全に導くのが仕事です。

　大型船の離着岸操船の手助けをするタグボートを運航する曳船業者，沖合の船舶から乗組員らを陸上まで送迎する通船業者など，さまざまな仕事があります。

4.5　船の調達

　海運事業に必要な船舶を確保するには，新造，中古船購入，用船，リースの方法があります。

　新造とは，造船所で新しく船を建造することです。この場合，造船所の船台または建造ドックを押さえる必要があり，発注してから船が完成するまでに3〜4年はかかります。船台を予約している船主や海運会社から建造の権利を譲り受けることや，建造中の船が完成前に転売されることもあります。

　中古船の購入では，船舶ブローカーなどから世界中の遊休船の情報を得て，必要な能力（主に積載能力とスピード）をもつ船舶を購入します。減価償却を終えた船舶を，発展途上国などの海運会社が購入することが多いですが，海運市況が活況ですぐにでも船舶が欲しいという状況では，中古船の価格も高騰して，新造船価格とそう違わないということもあります。

　船主から船舶を借りる用船では，船だけを借りる裸用船の他，船員もつけて借りることもあります。用船方法はさまざまで，建造前から長期で用船することを前提に船を新造することもありますし，1航海だけ借りるスポット用船もあります。

　例えばオリックスのようなリース会社から，船を手当てすることもあります。

船舶リースは，用船と似ていますが，船主が購入する予定で建造していた船舶をリース会社が造船所から買い取り，それを長期に船主に賃貸することで利益を得ています。リース会社は借り手と一対一で契約し，基本的には中途解約ができません。

コラム⑫　海事クラスター

　海運事業を中心として，造船，港湾などの関連産業の集積した状態を海事クラスターと呼びます。クラスターとは葡萄の房のようにたくさんの企業や団体が集まっている状態を指します。こうすることで，非常に強い 1 つの経済地域が構成されて，その相乗効果が発揮されます。

　欧州では，ノルウェーやオランダで海事クラスターを作って競争力を向上させる試みがなされ，日本では今治市を中心とした海事都市構想などが有名です。

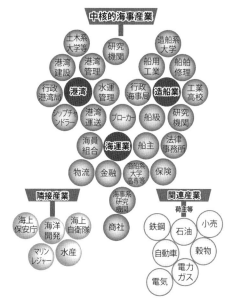

図 4-5　海事クラスターのイメージ図です。海運，港湾，造船業のまわりにたくさんの関連産業が生まれ，さらに関連産業や隣接産業も含めると，海事産業の周りには非常にすそ野の広い産業が集積することが分かります。

4.6　日本の船主

　世界には，船を所有して，海運会社に貸し出す（用船に出す）ことを生業^{なりわい}としている個人，企業が多数あります。日本の中では，特に愛媛船主または今治船主と呼ばれる船主群が有名です。この愛媛県の今治市周辺に多い船主は，日本の船舶の約30％を所有しており，会社数は60社余りにのぼります。大型外航船も多数所有しており，日本郵船，商船三井，川崎汽船の日本の三大海運会社をはじめ，内外のたくさんの海運会社に所有船を用船に出しています。その総資産は約2兆円に及ぶといわれていますが，そのほとんどが個人経営です。数人のスタッフで所有する数隻の船舶を，大手海運会社に，その船を運航する外国人船員とともに貸し出している場合もあります。

　こうした愛媛船主が誕生した理由としては，もともと海運業と造船業が密接な関係にあったという古い歴史と，地元造船所が，船の建造に際して代金の分割払いを認めて，船主が船を造りやすい環境を整えたことがあったといいます。さらに戦後の経済成長によって海上物流量が急拡大した時に海運会社に船を用船に出したこと，1990年代からは大手海運会社が市場での格付けを向上させるために借金を圧縮する必要に迫られ，自社船を整備するより，積極的に船主から船を借りる方針に転換したことも，今の愛媛船主の隆盛に寄与したといいます。地元の銀行をはじめとして，金融機関が積極的に船主事業に融資をしたことも発展の大きな要因となっています。

　また，広島船主と呼ばれる船主が，広島県の呉市や倉橋島などに集積しています。内航船のオーナーが多いのですが，外航船を所有する船主もあり，日本の船舶の12％を所有しています。

　日本の船主の多くは，海運会社に船舶を貸すだけでなく，自社船の船舶管理業務も行っています。

　海外では，ギリシャ船主や香港船主などが有名です。特にギリシャ船主は投機的な姿勢で有名で，海運不況時に安く中古船を仕入れ，好況時に高値で用船に出したり，売却したりすることで大きな利益を出しているといわれています。しかも，数隻の船をもつ個人経営の船主が非常に多く，外航海運事業に対する税金の多くを免除するギリシャならではの税制も活用して利益をあげ，ギリ

シャは日本と並ぶ世界最大級の船腹量を誇っています。

　一方，香港船主は，どちらかというと堅実といいます。船主協会加盟社が200 社近くあり，1.4 億トンの船腹量を有していますが，長期間の定期用船を中心にした経営を行っている会社が多いといいます。

コラム⑬　ギリシャ船主

　ギリシャ船主の拠点がアテネの外港ピレウス港です。ギリシャ船主は，新造船だけでなく，中古船の売買も得意として，海運不況が進展すると底値で中古船を購入し，海運景気が上向くと用船に出したり，売却したりして利益を出します。ピレウス港の外には，ギリシャ船主が購入した中古船がずらりと並んでおり，まさに圧巻です。ピレウス港から近くの離島に行くフェリーに乗船すると，こうした係船中の中古船団を目の当たりにすることができます。

図 4-6　ギリシャ船主が安値で購入した中古船がピレウス港の近くの海岸線にたくさん並んでいます。海運が好調になった時に高値で販売することを狙った投機が中心です。

4.7 船の所有方式

　日本に籍を置く船主や海運会社が自ら所有する船で，日本籍をもつ船を社船といいます。かつては日本人船員によって運航されていましたが，発展途上国の安い船員による運航船に対する競争力がなくなり，日本籍船の数が急激に少なくなりました。このため日本籍船でも少数の日本人船員と外国人船員による運航を可能とし，さらに今では全船員が外国人でも日本籍船の運航が可能となっています。

　仕組船とは，船主がタックスヘイブン国などに子会社を作り，その子会社名義で所有する船で，便宜置籍船とも呼ばれます。親会社である船主は，この子会社から用船してその船を運航します。船にかかる各種の税金などが安く，安い人件費の国の船員での運航も可能となるので，国際競争力が向上します。便宜置籍国としては，パナマ，リベリア，バハマ，マルタ，キプロスなどが有名です。

　複数の会社で共有する船を共有船といいます。船舶保有会社を共同で設立して，船を所有することもあります。また，日本政府は，資金能力の低い内航船船主と共有して新しい船舶を建造・所有する「鉄道・運輸機構」（正式には独立行政法人 鉄道建設・運輸施設整備支援機構。旧船舶整備公団）という組織を作って，内航船船主のもつ船舶の老朽化を防止する施策も実施しています。建造時に共有分の建造費用を同機構が負担，船主は毎年一定額を返済して，最終的には船主の所有船とすることができます。こうして少ない資金で，新しい船舶が建造できます。多くの内航貨物船，内航客船が，このシステムを利用しています。

　船は，土地や建物と同じく高価な固定資産ですが，基本的に国際的な規則に基づいて建造されており，外航船の場合には世界中のどこででも使うことができるため，不要になれば自由に売却が可能だという特性をもっています。

　一方，船は高価格のため，減価償却費が経営上のたいへん重要なファクターとなります。外航の大型船だと新造するための費用，すなわち船価は 30 ～ 200 億円，大型のクルーズ客船では 600 ～ 1,000 億円もかかるため，毎年のコストの中の減価償却費がかなり大きいこととなります。船の耐用年数は 20 ～

30 年程度ですが，日本での減価償却上の船の耐用年数は 15 年程度が多くなっています。この耐用年数は，国によって，また船種によっても異なっています。海外では，海運会社などが自由に決めることのできる場合もあり，この耐用年数の設定によって毎年の減価償却費が異なってきます。

コラム⑭　船の減価償却とは

　船は建造するときに多額の資金が必要となりますが，船の価値は使用した年数が増えるにしたがって減少していきます。そして耐用年数が過ぎると，資産価値はなくなり，次の船を新たに建造する必要が出てきます。このために，毎年の利益の中から一定額をコストとして計上して貯めておくことができ，これを減価償却費といいます。

　例えば，100 億円の船価（建造価格）の船で，減価償却期間を 15 年とする場合，償却時に 10 ％の 10 億円で売却処分すると仮定し，15 年間定額で償却すると，毎年の減価償却費は，（100 億円 － 10 億円）÷ 15 年＝ 6 億円となります。この毎年の減価償却費 6 億円はコストとみなされるため，収入から引くことができ，税金もかかりません。これを蓄積しておいて代替船の建造費用に充てることができます。

≪課題≫

4-1　海運会社と船主の違いを説明してください。

4-2　日本の大手海運会社を 3 つ挙げてください。

4-3　現在の定期コンテナ船運航会社のアライアンスを挙げてください。

4-4　定期コンテナ船運航会社がアライアンスを作るのはなぜですか。

4-5　船級協会の役割を説明してください。

4-6　港を管理しているのは誰ですか。

4-7　船を手当てする方法にはどのようなものがありますか。

4-8　海事クラスターとは何ですか。

4-9　便宜置籍船とは何ですか。

第5章　海運に使われる船舶の特性

　海上輸送を考えるうえでは，海運で使われる船舶のもつ特性をよく知り，他の輸送機関との特性の違いをしっかりと把握しておくことが重要です。

5.1　船舶の特性

　船舶の最大の特長は，大量の重い荷物を少ないエネルギーで運ぶことができることです。これは大きな荷物の重さを水が生む浮力が支えてくれていて，支持のためのエネルギーが必要なく，浮いた船体をゆっくりと移動させるために必要なエネルギーがとても小さいためです（「ゆっくり」という条件がたいへん重要です！）。

　このため陸上を運ぶのは難しい重い荷物を運ぶのに，さまざまな船が使われてきました。大都市の中での物資の輸送にも小型の舟が使われ，江戸（現在の東京）や大坂（現在の大阪）には，町中に運河が張り巡らされていました。

図 5-1　江戸の町の運河を利用した米の輸送のジオラマ。古くから重い荷物は船によって運ばれていました。（東京みなと館展示品）

地球の表面の約7割を海が占めています。その中に大きな大陸や島があり，人間の住む陸地は，海によって遮断されているといえますが，船によってつながっているともいえます。高度に発展した文明を早くからもっていた欧州の人々は，いち早く海を渡って世界に進出していきます。これが15世紀半ばからの大航海時代です。

そして，現在は，世界中の海をたくさんの船舶がさまざまな貨物を運んで，世界の人々の生活を支えています。

5.2　商船の種類と役割

船の種類の分け方にはいろいろありますが，大きく客船と貨物船に分けることができます。客船は，法律上は13人以上の乗客を運ぶ船で，建造から運航まで非常に厳しい安全ルールに縛られます。旅客だけを運ぶ客船を純客船と呼ぶこともあり，クルーズ客船，高速旅客船や遊覧船があります。

13名以上旅客を運ぶ客船で，貨物も同時に運ぶ船は貨客船と呼ばれます。貨客船の中には，車を積み，さらにドライバーも含めた旅客も一緒に輸送する船があり，このうち車両を積載する車両甲板をもち，自走で車を揚げ降ろしする船をカーフェリーまたは単にフェリー（日本だけですが）と呼びます。貨客船でも，一般の貨物船のように船倉をもち，船倉の天井の開口（ハッチ）から貨物を積む船もあります。

貨物船では，個体貨物を運ぶ乾貨物船と，液体貨物を船内のタンクに入れて運ぶタンカーとに分けることができます。

まず乾貨物船のうち，各種製品などの一般雑貨などの輸送は，コンテナ（規格化した金属製の箱）に入れて運ぶのが一般的になっており，コンテナを専門に運ぶ船がフルコンテナ船です。船倉には上下方向にコンテナを積み揚げて積載し，コンテナが定位置に収まるように，セルガイドと呼ばれるコンテナがちょうど収まるサイズの枠が設置されています。またコンテナ船の中には，フォークリフトなどの車両によって舷側の開口から荷役する RoRo 式荷役をする船もあります。RoRo は，Roll-on Roll-off の略です。これに対して船倉の天井を開けて，上下にコンテナを積み降ろす場合を LoLo 式荷役と呼びます。こ

れは Lift-on Lift-off の略です。

　コンテナに入らないような大きな貨物を運ぶ船は，一般貨物船や多目的船と呼ばれます。特に重量物を積載する船では，大きな能力の船上クレーンを有する場合も多く，重量物運搬船とも呼ばれます。さらに大型のプラントなどをデッキ上に積んで運ぶプラント運搬船もあります

　穀物や鉱物などを，梱包せずに貨物倉にそのままの状態で入れて運ぶ船がばら積み船で，バルクキャリアとかバルカーとも呼ばれます。この中で，比重の重い鉄鉱石を専用に運ぶ鉄鉱石運搬船（Ore Carrier），紙の原料となる木材チップを運ぶチップ船，石灰石やセメントを運ぶ船もばら積み船の一種ですが，それぞれの貨物に合わせた船倉や荷役装置をもつ専用船となっています。

　自動車が大量に海上輸送が行われるようになって，船内に何層もの駐車場をもち，RoRo 式で車を自走させて荷役をする自動車専用船が登場しました。PCC または PCTC と呼ばれ，PCC は Pure Car Carrier の，PCTC は Pure Car & Truck Carrier の略です。

　液体貨物を運ぶタンカーには，原油を運ぶ油槽船または油送船と呼ばれる船や，原油を精製した各種石油製品を運ぶプロダクトタンカー，各種化学薬品を運ぶケミカルタンカーなどがあります。また，天然ガスや石油ガスを液化して運ぶ LNG 船や LPG 船もタンカーの仲間ですが，造船所などでは「ガス船」と呼ばれています。

　以上のような人間や貨物の輸送に携わる商船以外にも，いろいろな船舶があります。各種の港湾作業をする各種作業船，海の治安や海難救助などにあたる巡視船や巡視艇，船を安全に出入港させる仕事をするパイロットボートやタグボート，船に燃料を供給する給油船，国と国民を守る自衛艦など，さまざまな船が，縁の下の力持ちとして活躍しています。

　本書では商船だけを扱い，商船の中のさまざまな船の種類について，詳しく説明します。

5.2.1　純客船と貨客船

　旅客だけを乗せる純客船としては，かつては，大洋を渡る航路に大型の客船が定期的に就航していましたが，1960 年代にはスピードの速い飛行機に役割

を譲り，航海時間が数時間までの比較的短距離航路にだけ，比較的小型で，20ノットを超える高速の純客船が多数就航しています。また，後述する観光を目的とするクルーズ客船はほとんどすべてが純客船です。

　貨客船は，人と貨物輸送を同時に行う船です。一部の離島航路に，貨物を積載するための船倉と荷役クレーンを有する在来型の貨客船が活躍している場合もありますが，多くは後述するカーフェリー型の貨客船に姿を変えています。

図5-2　浮力ではなく水中の翼に働く揚力で船体を空中にもち上げて40ノットの高速で航走する水中翼船は純客船です。写真は，佐渡汽船の「つばさ」で，佐渡の両津港と新潟港を結んでいます。

図5-3　東京と伊豆諸島を結ぶ離島航路の貨客船「橘丸」は島に人と貨物を届けます。船首にデリック型の荷役クレーンをもち，船倉に貨物を収納します。このタイプの貨客船は，伊豆諸島や小笠原諸島に就航していますが，岸壁の問題でRoRo式荷役が難しいためです。

5.2.2　クルーズ客船

　海を巡って寄港する港で観光することを目的とした客船を，クルーズ客船といいます。宿泊施設，レストランなどの飲食施設，各種のエンターテイメント施設をもっています。世界一周をする船から，1週間程度の短い期間で近場を巡る船まで，多様なクルーズ旅行を提供しており，大きさも100トンから22万総トンまでとさまざまです。クルーズというビジネスは19世紀から商業化されていますが，1960年代にアメリカで発祥した，同じ港を発着点として比較的短い期間（概ね1週間以内）のクルーズを行うビジネスモデルを現代ク

ルーズと呼んでおり，これが急速に成長して，かつての定期客船ビジネスをはるかに上回る規模のレジャー産業に成長しました。この発展経緯と現状については第 14 章で詳しく説明します。

　また，宿泊施設をもたずに日帰りの観光や船上での食事を楽しむ船もあり，デイクルーズ客船とかレストラン船と呼んでいます。さらに，短時間の洋上観光を行う遊覧船なども活躍しており，これもデイクルーズ客船に含められます。

図 5-4　2014 年時点で世界最大のクルーズ客船の 1 隻「オアシス・オブ・ザ・シーズ」。乗客 6,000 人を乗せてカリブ海などを巡ります。4 隻目の同型姉妹船が建造中で，2016 年には 5 隻目が発注されています。（写真提供：RCI）

図 5-5　東京港には 3 隻の本格的レストラン船が就航しており，美味しい料理を楽しみながらのクルージングが楽しめます。写真は，その中の 1 隻「ヴァンテアン」の姿です。

5.2.3　旅客カーフェリー（RoPax）

　旅客と車を運ぶ船を旅客カーフェリーと呼びます。日本では単にフェリーと呼ばれることも多く，フェリーと船名につけば「車も乗せる旅客船」を指すのが一般的です。海外では RoPax と呼ばれることが多くなっています。Ro は RoRo，Pax は Passenger の意です。

　船の上部に旅客スペースが配置され，下部には車を積載する車両甲板が配置されています。車は，船内の車両デッキと岸壁との間に渡されたランプウェイと呼ばれる斜路から自走で船内に積み込まれます。複数層の車両甲板がある場合には，船内にも車両の上下移動が可能なように船内ランプウェイ，または最下層の水密区画内に車を降ろすためのエレベーターを有している船もあります。

　かつては，車両甲板の下にも旅客用施設がある船もありましたが，ガソリンを積んだ車を車両甲板に積んでおり，万一の火災の場合に危険なので今では禁止されています。

図 5-6　旅客カーフェリーは，車両甲板に車を，上のデッキに旅客を乗せて定期航路に就航しています。車はランプウェイから自走で荷役される RoRo 式荷役で積み降ろします。

5.2.4　コンテナ船

　貨物を規格化された箱であるコンテナに詰めて，船に積載して運びます。船倉に設置されたセルガイドに沿ってコンテナを積み木のように重ねて積載します。コンテナは船倉の天井の開口（ハッチ）から陸上または船上のクレーンで上下に荷役をします。このような荷役をするため，ハッチの幅を，船の幅ぎりぎりまでとっており，非常にハッチが大開口なのがコンテナ船の大きな特徴です。このようにクレーンで上下にコンテナの荷役をする方法を，リフトオン・リフトオフ荷役（LoLo 荷役）と呼び，多くのコンテナ船がこのタイプの荷役をしています。また，比較的短距離の航路には，ランプウェイからトレーラーシャーシに載せたコンテナを荷役する RoRo 型コンテナ船も就航しています。

　コンテナ船が大西洋や太平洋航路に登場した 1960 年代は，わずか 500 〜 800 個（TEU：20 フィートコンテナに換算した積載数）積みでしたが，現在では，主要幹線航路には 10,000 〜 20,000 個積みの巨大なコンテナ船が就航しています。クルーズ客船と同様に，規模の経済効果が顕著に活かせる船なのです。

図 5-7　クレーンによって上下方向にコンテナの積み降ろしをする荷役方法をリフト
　　　　オン・リフトオフ荷役，略して LoLo 荷役といいます。
　　　　（左の写真提供：APL）

コラム⑮　規模の経済

　規模の経済は，スケール・メリットとも呼ばれるように，たくさん生産する
ほど 1 つ当たりのコストが下がって，すべてが売れれば利益が大きくなるとい
う経済構造のことをいいます。船の場合は，大型化すると単位当たりの燃料
費，人件費が下がり，クルーズ客船であれば大量仕入れによる食材費，消耗品
費などの購入価格も下げられます。こうしたコスト削減分によって，運賃を低
減させて需要を拡大することに活用すると，事業規模の拡大，利益の増大につ
なげることができます。ただし，大型化すれば，それを満たすだけの需要を獲
得しなければならないことを忘れてはいけません。

5.2.5　RoRo 船

　舷側の開口から，ランプウェイによって，車を自走で積載するのが RoRo 貨
物船で，RoRo 船とも呼びます。車だけでなく，コンテナなどのユニット貨物
を，フォークリフトを使って積載することもあります。貨物船ですが 12 名ま

でのドライバーを乗せることは可能なので，一部のトラックドライバーが乗船できる船もあります。

　比較的短い航路に就航しており，日本国内の内航航路にはたくさんの RoRo 貨物船の定期航路があります（p.39 の図 3-18 参照）。

図 5-8　船から岸壁にかけたランプウェイ（斜路）によって車や貨物の積み降ろしをする RoRo 船

図 5-9　RoRo 船のランプウェイが岸壁に向けて開かれています。

5.2.6　一般貨物船

　船倉に各種の貨物を積載する貨物船で，一般的には，船倉の天井の開口（ハッチ）から船上クレーンで吊り上げて荷役をします。かつては，世界の主要定期航路に，高速の一般貨物船が就航していましたが，コンテナ船にその役割を譲り，その数は減っています。今では，比較的貨物の量が少なく，コンテ

図 5-10　一般貨物船は，コンテナには入らない大型の荷物や重い荷物など，何でも輸送します。

ナ化に合わない貨物やコンテナに入らない大型の荷物などを取り扱っています。

　ただし内航航路では，一般貨物船が今でも多数活躍しており，一般雑貨や鉄鋼製品などの輸送をしています。

5.2.7　重量物運搬船

　重量物を積載するためにデッキ強度を強くし，大能力のクレーンを有している貨物船を重量物運搬船もしくは多目的貨物船と呼びます。以前は，一般的に重量物運搬船と呼ばれていましたが，重量物も含めて各種の貨物を運べることから，最近は多目的貨物船と呼ばれることが多くなりました。

図 5-11　大容量のクレーンをもち，大型重量貨物を運ぶ重量物運搬船

5.2.8　プラント運搬船

　プラントや巨大な海洋構造物などを運ぶのがプラント運搬船で，RoRo 式荷役で陸上からプラントをデッキ上に積載するタイプと，船内に注水してデッキ

図 5-12　デッキ上に大型構造物を積載して輸送するプラント運搬船

を水面下まで沈めて大型貨物をデッキ上の海面に引き込み，海水を排出して浮き上がるタイプの半潜水式船（フロートオン・フロートオフ式）があります。

5.2.9　ばら積み船

　乾貨物船の中では最も数が多く，世界中で活躍している船種で，バルクキャリアまたはバルカーとも呼ばれています。穀物や石炭などの貨物を，船倉（船内の倉庫）にそのままの状態（ばらばら）で積載して運びます。船倉の天井にある開口（ハッチ）から貨物を荷役します。大量の貨物を，梱包をせずに効率よく運べるのが特徴ですが，貨物の中には個体とはいえ流動性の高いものもあり，船の揺れによる大傾斜で貨物が大きく偏ると船が危険になるため，その積載には細心の注意が必要となります。

図 5-13　ばら積み船ではハッチを開けて，そこから梱包していない貨物をそのまま船倉に積みます。

5.2.10　鉄鉱石運搬船

　ばら積み貨物船の一種ですが，鉄鉱石は体積のわりに非常に重いので，船体の中心部にのみ船倉をもち，まわりの船内区画は空のままで，船の浮力を増すために使われています。一般のばら積み船に比べると，ハッチが小さいのが特徴です。

図 5-14　船内に鉄鉱石をばら積みして輸送する鉄鉱石運搬船（写真提供：日本郵船）

5.2.11　チップ専用船

　ばら積み船の一種ですが，木材を小さくカットした木材チップを，紙の材料として製紙工場に運びます。体積のわりに重さが軽いので，船倉の体積を大きくするため船の深さが大きく，乾舷（満載喫水線から上部甲板までの鉛直距離）の高い特殊な船型をしています。また，荷役用のクレーン，荷揚げするチップをコンベアーに落とすためのホッパー，船長方向にチップを輸送するコンベアー，コンベアーの出口にあたるスポンソンなど，特殊な艤装品（ギア）がデッキに設置されています。

図 5-15　荷役中のチップ専用船。船倉の中のチップをクレーンでバケットに落とし，船側のベルトコンベアーで船首のスポンソン部に集めて，岸壁に降ろします。

図 5-16　チップ船の貨物のチップは軽いので深い船倉が必要で，乾舷（喫水線から上甲板までの高さ）が高いのが特徴です。

最近，地球温暖化対策としてバイオ発電が行われるようになっており，そのためのヤシ殻などを運ぶこともあります。

5.2.12　木材専用船

丸太の原木や，製材した材木を運ぶのが木材専用船です。貨物の比重が小さいため，デッキ上に大量の丸太を積載することも多々あります。船から降ろした丸太は筏に組んで専用の水面貯木場に浮かべて保存することもありますが，最近は製材した木材を陸上で保管するのが主流となり，原木を浮かべて保管する水面貯木場の数は減りつつあります。

5.2.13　セメント船

セメントを製造工場から各地のサービス拠点まで運ぶのがセメント船です。湿気があると固まってしまうため，乾燥したまま輸送することが求められます。このため，一般のばら積み船とは違って，気密性のあるタンク状の船倉内にセメントをばら積みします。このためセメントタンカーと呼ばれることもあります。日本の場合は，ほとんどが内航船ですが，最近は海外への輸出も始まっています。

図 5-17　荷役中のセメント船。水分に触れると固まるため，タンク状の船倉に積み，港では特殊な格納施設に荷揚げします。

5.2.14　自動車専用船

　自動車は，船内にたくさんの車両駐車用の甲板をもつ自動車専用船で運びます。車は，舷側の開口から岸壁にランプウェイという斜路をかけて，自走で荷役します。乗用車だけでなく，背の高い車や，トラックやバスなどの大型車を積むことができるように，船内のデッキの高さを変えることができる船もあります。乗用車だけを運ぶ船は PCC（Pure Car Carrier），トラックなどの大型車も運ぶ船は PCTC（Pure Car & Truck Carrier）と呼ばれています。大型の船では 8,000 台積みの船まで現れています。

図 5-18　日本の自動車会社が造った車を一杯積載して輸出する自動車専用船。一度に 6,000 台の車を運びます。
（写真提供：今治造船）

図 5-19　国内の製造工場から各消費地に車を運ぶ小型 PCC です。

コラム⑯　PCC と PCTC

　自動車専用船は，略して PCC または PCTC と呼ばれます。本文中で説明したように，PCC は Pure Car Carrier の，PCTC は Pure Car & Truck Carrier の略ですが，PCC は乗用車専用，PCTC は大型車も運ぶ船です。英語の Car は日本語では車と訳されていますが，実はトラックやバスなどを含まないためです。

5.2.15　原油タンカー

　油田から採掘した原油などの油を，船内のタンクに入れて運びます。日本語では，油送船もしくは油槽船と呼ばれています。最大の大きさでは50万重量トン級までのタンカーが建造されたことがありますが，航行航路や港湾での大きさの制限を受けにくい30〜40万重量トンまでのタンカーが現在では主流で，産油国と消費国との間で活躍しています。

図5-20　原油を満載した大型タンカーが4隻のタグボートを従えて日本の石油基地に入港します。

5.2.16　プロダクトタンカー

　原油を精製した各種の石油製品を船内のタンクに積載して運びます。原油タンカーが運ぶ原油や重油が黒いのに対して，プロダクトタンカーが運ぶ油は精製されて透明なので，白油タンカーとも呼ばれています。かつては消費国内まで運ばれた原油が精製されて，小型のプロダクトタンカーで近隣の港に運ばれることが多かったのですが，産油国が自ら精製して付加価値をつけて輸出することも増えたため，大型のプロダクトタンカーも出現しています。

5.2.17　ケミカルタンカー

　各種化学製品を運ぶのがケミカルタンカーです。密度，粘性の他，腐食性，引火性など多様な特性をもつため，タンクの材質，塗装なども異なります。さらに各製品の輸送量が限られているため，船内に20〜40のタンクをもち，各タンクで違う製品を運ぶこともあります。タンクの材質としてはステンレスが

多く，船の大きさは 4 万重量トン程度が最大で，世界全体で約 800 隻が稼働しています。

5.2.18　LNG 船

地中から採掘した天然ガスを，マイナス 162 度に冷やして液化した状態の天然ガス（LNG）として運ぶタンカーです。丸いタンクを積んだモス型と，四角いタンクのメンブレン型の 2 つがあります。超低温に耐えられる特殊な防熱構造が必要で，商船の中ではクルーズ客船に次いで建造価格（船価）が高い高付加価値船で，大型船では 1 隻 200 ～ 300 億円もします。

産地から消費地への幹線航路に就航する大型 LNG 船は，1980 年代には 12 万 5,000 m³ 程度の積載量が主流でしたが，2010 年代後半には 18 万 m³ 型船が多く発注されるようになり，大型化が進んでいます。

推進機関としては輸送中に気化したガスを燃料として利用できる蒸気タービン機関が多く使われていましたが，ガスと油の両方が燃料として使える 2 元燃料（デュアル・フューエル）ディーゼル機関や，低速ガス焚きエンジンも使われるようになりました。

また，消費地間の少量輸送をする中・小型 LNG 船，船舶燃料としての LNG を船に供給する LNG バンカリング船も増えています。

図 5-21　液体にした天然ガスを運ぶ球形タンクのモス型 LNG 船。都市ガスは，この LNG を再び気体にして各家庭に届けて調理などに使われます。

図 5-22　四角いメンブレン型タンクの LNG 船。タンクの内部を襞（ひだ）のよったアルミ合金材で製造して温度変化による割れを防いでいます。

5.2.19 LPG 船

石油精製時に発生または天然ガス産出時に抽出したガスであるプロパンやブタンなどの石油ガスを液化した LPG（液化石油ガス）を運ぶ船です。石油ガスは常温加圧，低温常圧，低温加圧で液体に変えることができるので，LNGのように極低温にする必要がないのが利点です。大型船では低温常圧，低温加圧式が多く，小型の内航船では常温加圧式が多くなっています。

LNG 船に比べるとやや小型で，VLGC と呼ばれる大型船でも積載量は 8 万 m³ 前後となっています。

5.3　船舶のエネルギー効率とモーダルシフト

いろいろな輸送機関のエネルギー効率の比較には，比出力と呼ばれる指標が用いられます。これは輸送機関のエンジン馬力を，輸送機関の重さ（W）と速度の積で割って求められます。厳密な意味では，輸送機関の重さの代わりに実際に積むことができる貨物などの重量（ペイロード）を使う方がよく，船の場合には W に載貨重量トンを使う場合がよくあります。

図 5-23 は，この比出力を各種の輸送機関で比較したもので，横軸は速度，縦軸が比出力となっており，この比出力の値が低いほど輸送におけるエネルギー効率がよいことを示しています。縦軸と横軸ともに対数（log）でとってありますので，等間隔の座標は，1 コマ上がると 10 倍ずつ大きくなっているので，よく注意してください。

この図から船の比出力に注目して見てみると，速度が大きくなるほど，エネルギー効率が急激に悪化することが分かります。この図の中に点線でプロットしているものの下限線近くの輸送機関が，それぞれの速度で最もエネルギー効率がよい輸送機関を表しています。この図から時速 50 km 以下では船舶が最もエネルギー効率がよく，時速 80 ～ 300 km では鉄道が，そして時速 300 km を超えると航空機が最も効率がよいことが分かります。

特に船舶は速度が遅いほど，また大型なほど，エネルギー効率がよくなることが分かります。また，時速 30 ～ 50 km の領域ではトラックに比べると船舶

のエネルギー効率がかなりよくなります。1950 年に Karman と Gabrielli は，図中の点線のような線を示し，これが各スピードで最も効率のよい交通機関の下限線としましたが，鉄道がこの線より若干低く，船は大幅に低くなっています。これは技術の進歩が，エネルギー効率を予想以上によくしている結果です。

　エネルギー効率の悪いトラックから，エネルギー効率のよい鉄道や船舶に輸送モードをシフトさせることをモーダルシフトと呼びます。

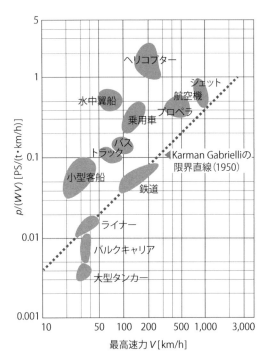

図 5-23　さまざまな交通機関のエネルギー効率を比出力で比較した図です。縦軸の比出力が小さいほどエネルギー効率がよいことを表しています。縦軸，横軸ともに対数なので注意をしてください。

コラム⒄　ドローンのエネルギー効率は？

　現在，無人のヘリコプター型のドローンによる宅配をしようという試みをマスコミがよく取り上げています。しかし，比出力で見るとヘリコプターは極めてエネルギー効率の悪い輸送機関です。すなわちヘリコプター型のドローンでは，エネルギーを大量に使うため，これを重い荷物の輸送に使うと地球温暖化の面から大きな問題があることが分かります。

≪課題≫

5-1　客船と貨物船の法律上の違いは何か説明してください。

5-2　専用船が多くなったのはなぜですか。

5-3　一般貨物船がコンテナ船に変わった理由は何ですか。

5-4　LoLo 荷役と RoRo 荷役の違いを説明してください。

5-5　船のエネルギー効率を，他の交通機関と比べて論じてください。

5-6　モーダルシフトとは何ですか。

第
6章

港湾

　海運にとって港は欠かせないインフラ（社会基盤）です。港とは，船が運ぶ人や貨物の積み降ろし（荷役）をするための陸上施設およびその周辺海域を指しており，船が着く桟橋や岸壁，乗下船する人の待機施設や，積み降ろしをする貨物の保管施設，港内で荷役中の船の動揺を低減するために外海の波を遮断する防波堤などの施設が整備されています。

　昔の港は，津，泊，湊などと呼ばれ，河口や海岸線の入江などの外海から遮蔽された静穏な水域が天然の良港として，人の乗下船や荷物の積み出しや受け入れをするために，また船の避難場所として使われてきました。

　特に帆船時代には，各地の津，泊が，風待ちや汐待ちのための船の待機場所として利用されました。しかし，動力船の時代になると，こうした風待ちや汐待ちの港町は急速に廃れていきました。日本の沿岸や瀬戸内海の中には，かつて港町として栄えた町が点在しています。

6.1　港を築く

　日本の各地に「築港」という地名が残っています。これは，近代的な港湾施設が最初に建設された場所を指しています。船が大きくなり，従来の入江などに造られた小さな港では対応ができなくなり，人工的に防波堤を造って波を遮って広い静穏域を造り，その内側に桟橋や岸壁を整備するようになりました。

　また，陸地を掘り込んで，人工的な港を造ることもあります。日本では，苫小牧港や鹿島港などが，こうして内陸部を掘って造った人工の港です。

　同じ人工的な港でも，埋め立てによって沖に進展している港もあります。大都会のごみ処分のための人工島などによって港が拡大している事例としては，

東京，横浜，大阪，神戸などがあります。

図6-1　天然の良港であるベルゲン港（ノルウェー）。入り江になっていて，島や半
　　　　島が外海の波を遮断して，静穏な水域を造っています。

図6-2　埋め立てによって拡大する巨大港湾の一例として横浜港があり，船の大型化
　　　　に伴って港が沖合に展開されています。

図6-3　海岸線の陸地を掘りこんで造られた人工の港「苫小牧港」は，北海道の物流
　　　　拠点となっています。

6.2 港湾施設

港の施設としては，水域施設，外郭施設，係留施設，上屋（うわや），臨港交通施設などがあります。

水域施設とは，船が通過する航路，停泊する泊地，各種小型作業船が停泊する船（ふな）だまりなどを指します。航路には航路ブイが設置されます。

外郭施設としては，港内に静穏な水域を造るための防波堤，高潮を防ぐための防潮堤や防潮水門，船を高い水位の位置にまで誘導するために船を上下に昇降させるための閘門などがあります。

また，岸から離れた水域に船をつなぎ留めるための係船浮標（ブイ）が設置されていることもあります。

船を泊める係留施設，荷役機能と交通機能，荷さばきおよび保管施設をもつ港湾施設を埠頭（ふとう）と呼びます。埠頭には船をロープなどで留めて，乗客・乗組員の乗下船や荷物の荷役をする係留施設があります。そこには船を着岸させる岸壁があり，船をつなぎ留めるためのロープをかける係船柱や係船杭（ボラード）や，船が岸壁に当たって損傷を受けないようにするための防舷材（フェンダー）が必要となります。

この係留施設には，その構造様式によって，突堤，岸壁，桟橋，浮桟橋などがあります。岸壁の長さおよび水深，係船柱の能力と数が，着岸できる船舶の大きさを決める重要な要素となっています。

図6-4 航路ブイ

図6-5 係船柱（右）とフェンダー

　岸壁にクレーンなどの荷役装置がある港もあります。こうした荷役施設があると，船上に荷役装置をもつ必要がなくなり，船の積載能力や航海能力が向上します。例えば主要なコンテナターミナルには，コンテナ荷役専用のガントリークレーンが設置されており，こうした港のみに寄港する大型コンテナ船の多くは船上クレーンをもっていません。

　埠頭などに設けられた倉庫を上屋と呼びます。ここには船に積載する貨物，船から降ろされた貨物を一時的に保管します。かつては，櫛型の突堤のひとつひとつに上屋がある港が主流でした。

　しかし，定期ライナーがコンテナ船に変わって，大きく港の姿は変わりました。コンテナ自体が防水密なので，倉庫に入れて保管する必要がなくなったためです。コンテナ船の埠頭は，一度に大量のコンテナの積み降ろしが行われるため，コンテナを保管するための広い敷地が必要となり，櫛型の突堤では対応ができなくなりました。

図6-6　清水港の埠頭と上屋での荷役風景。上屋では，船舶に積む荷物，降ろした荷物を一時的に保管します。

図6-7　コンテナ海上輸送が本格化した1970年頃の米オークランドのコンテナ埠頭。
　　　　船が着く岸壁の長さより，コンテナを置くための陸上ヤードの幅が極めて広
　　　　いことが分かります。この頃は，コンテナは1段の平置きで，ほとんど全て
　　　　シャーシに乗せられていました。（写真提供：APL）

コラム⑱　各地に残る築港という地名

　築港という地名が各地に残っています。北から小樽市，館山市，大阪市，和
歌山市，岡山市，玉野市，高松市，福岡市にあることが地図で確認できました。
読者のみなさんの近所にも，築港という地名はありませんか？

6.3　防波堤の機能と構造

　防波堤は，外海の波の影響を防ぐために港の入口に造られたコンクリートの
細長い壁で，外部からの波を反射して，港の内部を静かな水面に保つための施
設です。防波堤には，港口と呼ばれる，船の通過できる切れ目があり，その港
口の両側には赤と緑の光を放つ灯台が設けられています。

　防波堤の外側の壁が直立の場合には，波がそのまま反射されるため，波のエ

ネルギーは保たれたまま，重なり合って非常に複雑な三角波となり，防波堤外の船の航行に支障をきたす場合もあります。そのため防波堤の外側には，波のエネルギーを吸収するためにテトラポッドと呼ばれる4本足のコンクリート製消波ブロックが配置される場合も多くなっています。テトラポッドは，港の中で鉄の型にコンクリートを流し込んで製造します。また最近は，その形もさまざまになっています。テトラポッドに波が当たると，そのいくつもの足の部分で渦を造ることによって，波のエネルギーを消費させています。

図6-8　港内に静かな水域を造るための防波堤には，外側に波のエネルギーを吸収するテトラポッドが設置されています。

図6-9　コンクリート製のテトラポッドは設置する港で製造されています。

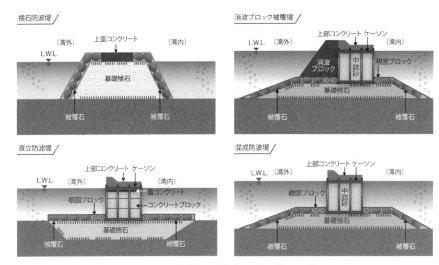

図 6-10　防波堤の構造による違いです。

6.4　公共埠頭と専用埠頭

　港には，使用の申し込みをすれば，基本的にだれでも使える公共埠頭と，臨海部の工場の敷地に隣接して建設された企業のプライベート利用の専用埠頭と，埠頭運営会社などに管理されて複数の会社が利用する専用埠頭があります。

　公共埠頭は，一般には地方公共団体によって造られて管理されている埠頭で，基本的には利用申込みの先着順での利用となりますが，定期的にスケジュールを組んで運航されている船，旅客を乗せている船などが優先的に使えることになっています。

　一方，専用埠頭のうち企業が整備，管理する港湾施設としては，製鉄会社，発電所，製油所などのためのものがあります。

6.5　港の建設

　港の建設や保守整備は海洋土木事業者が行い，マリンコンストラクションまたは略してマリコンと呼ばれています。埋め立て工事，係船岸（岸壁）の建設，

航路の浚渫，護岸の建設，防波堤の建設，海底工事などを行います。

　日本の主要マリコンには，五洋建設，東亜建設，東洋建設，みらい建設などがあり，主に国や地方公共団体からの発注を受けて，工事を実施します。

図 6-11　マリコンが港の建設や保守整備に使う作業船群で，浚渫船，水中の杭打船，クレーン船などがあります。

6.6　係船施設

　船を着ける係船施設には，構造様式の違いで次のようなものがあります。

6.6.1　重力式係船岸

　水際線に大きな箱型のコンクリート構造物を設置し，その構造物に働く重力で固定します。大型船でも安全に係船して，荷役ができる本格的な係船施設です。

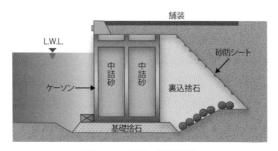

図 6-12　重力式係船岸

6.6.2　桟橋式係船岸

　海岸海底に杭などの支柱を打ち込み，その上に床板を張ります。重力式に比べて構造が軽量で，建設経費も小さいのが特徴です。

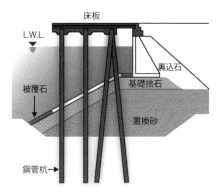

図 6-13　桟橋式係船岸

6.6.3　浮桟橋

　ポンツーン（箱型の浮体）を海上に浮かべて係留し，陸とを連絡橋で結ぶのが浮桟橋です。潮汐の大きな地域や地盤の軟弱な地域などで，主に小型船の係船用に用いられています。

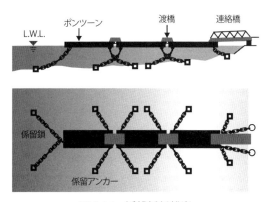

図 6-14　浮桟橋係船岸

図6-15 石垣港の離島航路用小型高速旅客船用の浮桟橋。汐の干満によってポンツーン部分（四角い箱型の浮体）が上下に移動するので，船と岸壁との間の上下の相対位置が変化しません。

6.6.4 ドルフィン係留

　岸壁での荷役が必ずしも必要のないタンカーなどを，複数の海底に固定したドルフィンで係留して荷役を行います。海岸線から離れた深い水域に設置でき，喫水の大きな大型船の受け入れが可能なのが特徴です。ただし，自然環境の影響を受けやすいという欠点があります。

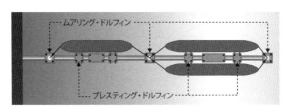

図6-16　ドルフィン係留

図6-17　ドルフィン係留をして原油の荷揚げをするタンカーの写真です。左の船は荷揚げ前，右の船はほぼ荷揚げが終わって船体が浮き上がっています。（写真提供：日本郵船）

6.6.5　デタッチド・ピア

　桟橋の一種で，海岸線から離れた水域に桟橋を造り，陸上との間を連絡橋で結んでいるタイプです。深い水深がとれるため大型船の受け入れが可能で，建設費も安いのが特徴です。汐の干満の差が大きなところでも使われています。

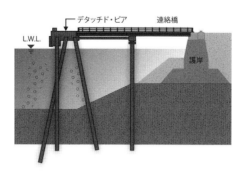

図6-18　デタッチド・ピア

コラム⑲　鉄道が走るデタッチド・ピア

　イギリスの港町サウサンプトンと対岸の町ハイスを結ぶフェリーの，ハイス側の乗船場は，干満の差が大きいため非常に長い連絡橋で陸とつながれており，その連絡橋には可愛らしい列車が乗客輸送用に運行されています。

図6-19　ハイスのフェリー桟橋への長い連絡橋には電車が走っています。

図6-20　連絡橋の先端からサウサンプトンに渡るフェリーが発着しています。

6.6.6　係船浮標

　係船機能をもつ浮標（ブイ）を海底のコンクリートブロックやアンカーと
チェーンでつないだもので，これに係船した船から艀などに貨物を移して荷役
を行うことができます。岸壁の混雑が激しく，滞船状態が続く港では，こうし
たブイ係留をして海上で荷役をすることが重要となります。日本でも，かつて
は，こうした海上での艀を使った荷役が盛んに行われていました。

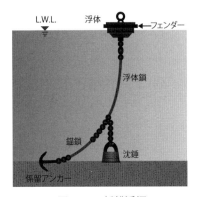

図 6-21　係船浮標

図 6-22　係船浮標につないで海上で艀に荷
役をする貨物船。昭和 40 年代の光
景です。船には荷役のためのデリッ
クがたくさんあり，これで着岸し
なくても，艀に荷物の積み降ろし
ができました。

6.7　専用船化に伴う港の変遷

　かつては公共埠頭を中心としていた港の機能も，臨海工業地帯の形成ととも
に，企業の専用岸壁の整備が進んで様変わりしました。大量の原材料を船で輸
入し，製品を船で輸出する重化学工業が臨海工業地帯に集まり，それぞれ専用
の岸壁をもつようになりました。

　以下では，製造業や加工業の企業が所有する専用岸壁以外の各種専用船用の
港湾施設について説明します。

6.7.1　コンテナ専用ターミナル

　雑貨輸送が一般貨物船からコンテナ船に変わり，コンテナ船専用のターミナルが必要となりました。コンテナ船では，大量のコンテナを岸壁で野積みするため，従来型の上屋は必要なくなり，コンテナの整然とした管理ができるきわめて広い敷地が必要となりました。すなわち，従来の，上屋のある櫛形突堤ではコンテナの扱いが難しくなりました。岸壁には，コンテナを効率よく船から揚げ降ろしするための専用コンテナクレーンが設置され，その陸側に広いコンテナヤードをもつ専用のコンテナターミナルが建設されていきました。

　コンテナ専用のターミナルでは，コンテナは何段にも重ねられ，全てコンピューター管理がされ，船に積み込まれ，また船から降ろしたコンテナは荷主へと配送されます。

　コンテナターミナル内では，コンテナを移動して積み揚げるストラドルキャリアなどの特殊な荷役機械が稼働しています。最近は，無人機械なども導入され，生産性向上が図られています。

　また，冷蔵・冷凍コンテナの輸送が増えており，コンテナターミナルにも冷蔵・冷凍コンテナ専用の電源のあるスペースが必要となっています。

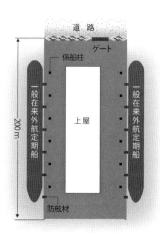

図6-23　在来型外航定期貨物船のための埠頭の一例です。荷役に時間がかかるため，できるだけたくさんの船が同時に着岸できるような構造になっており，これが何本もある櫛形の埠頭施設が建設されました。

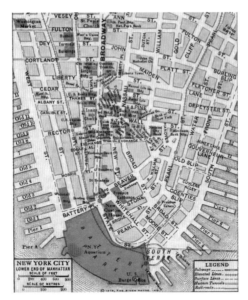

図6-24　ニューヨークのマンハッタンの港には，かつて櫛形の桟橋がたくさん並んでいて，たくさんの客船や貨物船が荷役をしました。

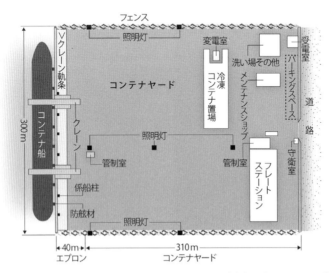

図6-25　コンテナ船の岸壁施設の一例です。荷役時間が大幅に短くなり，大量のコンテナの揚げ降ろしが短時間に集中するため，コンテナの保管場所として非常に広い敷地が必要となりました。

図6-26　東京港のコンテナターミナル。右の岸壁にコンテナ荷役用のガントリークレーンが並び，陸地側にコンテナが整然と並べられている。

図6-27　巨大コンテナ船のコンテナ荷役には，たくさんのガントリークレーンが稼働します。

図6-28　コンテナターミナル内でコンテナを運び，積み上げるストラドルキャリア

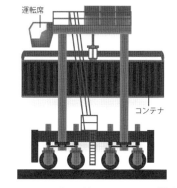

図6-29　ストラドルキャリアの構造

　　コンテナ輸送では，ハブ＆スポークシステムが導入され，各地に巨大なハブ港が形成されています。ハブ港間は巨大なコンテナ船が大量のコンテナを効率よく運び，そこから周辺の港には一回り小型のコンテナ船で配送します。この時，船から船にコンテナが積み替えられることとなり，これをトランシップといいます。

　　現在の世界のコンテナハブ港のコンテナ取扱量は，表6-1に示す通りの順位となっており，日本の港はかなり低い順位にあります。しかし，1980年代には，神戸，横浜，東京がいずれも20位以内に入っていました。世界経済の拡大と

表6-1　世界のコンテナハブ港のコンテナ取扱量（2015年度）

順位	港湾名	国名	取扱量
1	上海	中国	3,654
2	シンガポール		3,092
3	深圳	中国	2,420
4	寧波ー舟山	中国	2,062
5	香港	中国	2,011
6	釜山	韓国	1,947
7	広州	中国	1,762
8	青島	中国	1,751
9	ドバイ	UAE	1,559
10	天津	中国	1,410
11	ロッテルダム	オランダ	1,223
12	ポートケンラン	マレーシア	1,189
13	高雄	台湾	1,026
14	アントワープ	ベルギー	965
15	大連	中国	945
16	厦門	中国	918
17	タンジュンペレパス	マレーシア	912
18	ハンブルグ	ドイツ	882
19	ロサンゼルス	米国	816
20	ロングビーチ	米国	719
21	レムチャバン	タイ	678
22	ニューヨーク/ニュージャージー	米国	637
23	営口	中国	592
24	ホーチミン	ベトナム	579
25	ブレーメン	ドイツ	530
26	タンジュンプリオク	インドネシア	520
27	コロンボ	スリランカ	519
28	連雲	中国	501
29	京浜（東京）	日本	463
30	バレンシア	スペイン	462
⋮			
54	京浜（横浜）	日本	279
57	阪神（神戸）	日本	271
58	名古屋	日本	263
72	阪神（大阪）	日本	222

出典：国土交通省　　　　　　　単位：万TEU

ともに，ハブ＆スポークシステムが導入される中で，順位を下げていきました。いずれの港も取扱量自体は1980年に比べると増えています。（p.197の表16-1参照）

6.7.2　自動車専用船ターミナル

　自動車の輸送も，自走で船に積むRoRo式荷役の自動車専用船（PCC，PCTC）の導入によって，専用のターミナルが必要となりました。この自動車専用船ターミナルは，岸壁には荷役装置はいりませんが，大量の自動車を停車

させるための広大な敷地が必要となります。製造工場から車両運搬用トラック
で運ばれた車は港に並べられ，10人前後のドライバーが一組（ギャングとい
う）になってそれぞれ車を運転して，船内の所定の場所まで運び，マイクロバ
スで港に戻って再び車を運転して船内に運ぶのを繰り返します。船内では，別
のドライバーが隣の車との間を10cm程度にまで詰めて並べ直し，船が航海中
に揺れても車がずれないようにベルトまたはチェーンで固定します。これを
ラッシングといいます。このようにして，数ギャングのドライバーが荷役をし
て，数千台の自動車の積み降ろしをします。

図6-30　神戸の自動車専用船ターミナ
　　　　ル。広い岸壁にたくさんの車
　　　　が並べられています。写真は
　　　　船尾のランプウェイを降ろし
　　　　ている途中です。

図6-31　次々とトライバーによって降ろ
　　　　される車。10人くらいのドラ
　　　　イバーが一組になって車を降
　　　　ろし，マイクロバスで再び船内
　　　　に移動して次の車を降ろします。

6.7.3　フェリーターミナル

　フェリーターミナルも専用になっている場合がほとんどです。フェリーでは
ランプウェイから乗客自らが車を自走で積み降ろしをしますが，潮汐による海
面の上下変位に伴って陸上側のランプウェイの高さを調整する機能が必要とな
ります。これを可動橋といいます。

　また，船首または船尾に開口とランプウェイを有する船も多く，その場合に
はL字型の岸壁が必要となります。旅客と自動車とを同じ岸壁から載せる場
合もありますが，事故防止のために旅客専用の人道橋を設置して，ターミナル
ビルから旅客は車とは別ルートで乗下船する場合が日本では多くなっています。

図 6-32　新門司港のフェリー専用ター
　　　　　ミナル。岸壁がＬ字型になっ
　　　　　ており，船首のランプウェイ
　　　　　からの荷役ができます。船首
　　　　　と船尾にランプウェイをもつ
　　　　　フェリーは，船内の車両の動
　　　　　線が単純になり，荷役時間が
　　　　　短縮できます。

図 6-33　徳島港の最新鋭のフェリー専
　　　　　用ターミナル。人道橋，車両
　　　　　用ランプウェイ，フェンダー
　　　　　が整備されています。

図 6-34　高速カーフェリーの車両荷役
　　　　　は３車線同時に迅速に行いま
　　　　　す。

図 6-35　可動橋は潮汐によって変わる
　　　　　フェリーの車両乗り込み口の
　　　　　高さを，陸上ランプウェイで
　　　　　調整します。

6.7.4　客船ターミナル

　かつて，大洋を横断して外国を結ぶ客船のターミナルは，華やかな玄関口で
した。しかし，こうした長距離を結ぶ客船は 1970 年代にはほとんど姿を消し，
比較的短い航路に就航する客船は旅客カーフェリーに姿を変えました。

　しかし，客船はクルーズの分野で活躍するようになり，再び客船ターミナル

が脚光を浴びるようになっています。現代のクルーズでは，比較的期間の短い定点定期クルーズが中心となり，起点港（発着港）では，最大 6,000 人余りの乗客が乗下船することとなります。このため，乗客の持参する大量のトランクやスーツケースの取り扱いスペース，受付スペース，出入国審査スペース，アクセス用のバスや乗用車の駐車スペース，路線バスやタクシーなどの公共交通機関の駐車スペース，食材や各種物品の搬入スペースなどが必要となります。

　一方，クルーズの途中で寄港する港では，乗客は観光のための下船なので，クルーズ客船が着岸できる岸壁と観光バスの並ぶ駐車スペース，近隣観光地へのアクセス機能などが必要となります。

　また，沖合で停泊して，小型ボートで陸上まで乗客を運ぶ場合もあり，これをテンダーサービスといいます。この場合には，小型ボートに乗客が安全に乗り移ることのできる静穏な水域と，小型ボートが着岸できる岸壁施設が必要となります。テンダーサービスには，クルーズ客船に搭載している救命ボートを使う場合と，現地のボートを使う場合があります。エーゲ海の島々では，テンダーサービスに現地のボートを使うことを義務付けている場合もあります。

図 6-36　横浜港の大さん橋客船ターミナル。屋上部分は，市民が憩える公園になっている。

図 6-37　東京晴海埠頭の客船ターミナルです。

図6-38 カリブ海クルーズの一大拠点のマイアミ港の客船ターミナルの様子。金～日曜日には，毎日大型クルーズ客船が早朝に入港し，夕方には出港します。

図6-39 港に着岸できない場合には，沖合に泊めたクルーズ客船から小さなボートで岸まで人を運ぶテンダーサービスが行われることもあります。

6.8　日本の港湾戦略

日本の港湾は，港湾法によって以下のように分類されています。

- 国際戦略港湾：東京，横浜，川崎，大阪，神戸
- 国際拠点港湾：苫小牧，室蘭，仙台塩釜，千葉，新潟，伏木富山，清水，
  名古屋，四日市，堺泉北，和歌山下津，姫路，水島，徳山
  下松，下関，北九州，博多

その他，重点港湾，重要港湾，地方港湾があります。

1995年には，以下のようにスーパー中枢港湾，中枢国際港湾，中核国際港湾が指定され，日本の港湾の競争力強化を目指しました。

- スーパー中枢港湾：東京，横浜，名古屋，四日市，大阪，神戸
- 中枢国際港湾　　：スーパー中枢港湾 ＋ 博多，下関，北九州
- 中核国際港湾　　：中枢国際港湾を補完するとともに，地方のコンテナ輸
  送に対応した国際海上コンテナターミナルを有する港
  湾で，苫小牧港，仙台塩釜港，茨城港，新潟港，清水
  港，広島港，志布志港，那覇港があります。

　さらに，2010 年には下記のように既存の港を統合する形で 2 港が国際ハブ港湾に指定されました。これは，アジアのハブ港となっている上海や釜山に対抗できる競争力のあるコンテナハブ港を日本に再生するための戦略で，2 大経済圏の港湾をまとめて効率的に運営することによって，大型コンテナ船の誘致を進めるためです。

- 京浜港（東京，横浜，川崎）
- 阪神港（大阪，神戸）

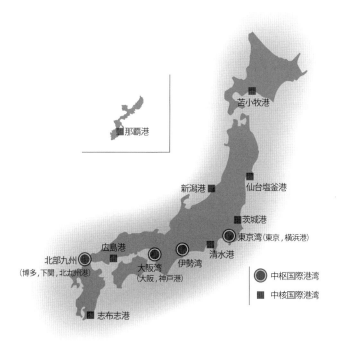

図 6-40　日本の主要港湾の所在地です。主要港湾が太平洋側に集中していますが，今後は，東アジア諸国の玄関口としての日本海側での港湾施設の充実が期待されています。

≪課題≫

6-1　天然の良港とはどのような港ですか。

6-2　港湾施設にはどのようなものがありますか。

6-3　上屋とは何ですか。

6-4　防波堤の役割を説明してください。

6-5　テトラポッドの役割を説明してください。

6-6　在来型一般貨物船用とコンテナ船用の埠頭の違いを説明してください。

6-7　大型のコンテナ船が船上にクレーンなどの荷役装置をもっていないのは
　　　なぜですか。

6-8　コンテナ船のハブ港とはどのような港ですか。

6-9　世界のコンテナハブ港をコンテナ取扱量の多い順に 7 港挙げてください。

6-10　6-9 で挙げた港の中に中国の港が多いのはなぜですか。

6-11　6-9 で挙げた港の中にシンガポール港が入っているのはなぜですか。

6-12　6-9 で挙げた港の中に日本の港がないのはなぜですか。

6-13　日本の中枢国際港湾を挙げてください。

国際複合輸送と
国際複合一貫輸送

7.1 国際複合輸送の歴史

　国際複合輸送（International Multimodal Transport）とは，複数の輸送機関，すなわち船だけでなく，飛行機，列車，トラックなどを使って，2国間での輸送サービスをするシステムを指します。

　歴史的には，スエズ（1869年），パナマ両運河（1914年）の開通までは，欧州とアジアを結ぶにはアフリカ南端を回るか，エジプトのアレキサンドリアまで船で運び，そこからスエズ地峡を陸路で横断して紅海のスエズまで輸送し，再び船で運ぶ方法がとられ，北米東岸とアジアを結ぶには，南アメリカの南端を回るか，大西洋側のコロンと太平洋側のパナマシティとの間のパナマ地峡帯を陸路で輸送しており，これが国際複合輸送の始まりといえます。

　その後，大陸を横断する長距離の鉄道が開通すると，船舶輸送と大陸横断鉄道を組み合わせた国際複合輸送も始まります。北米大陸を横断する約4,000kmの大陸横断鉄道が1869年に開通しています。それまでは駅馬車による輸送だったのが，人および物の大量輸送が可能になり，船舶と連携した陸上輸送が可能となりました。また1904年にはウラジオストックとモスクワを結ぶ9,300km余りのシベリア鉄道も全線開通し，ロシア内陸部への大量陸上輸送が可能になりました。

　アジアと欧州との間では，ロシアのウラジオストックや中国の大連などの港まで船で運んで，シベリア鉄道で輸送し，モスクワを経て欧州まで貨物を輸送するシベリア・ランドブリッジが1971年に開始されました。スエズ運河経由の船舶輸送に比べると距離が半減し，輸送期間は約40日から約25日に短縮されました。

　そしてアジアと北米東岸との間では，アメリカのシアトルなどまで船で運び，

アメリカ大陸横断鉄道で北米東岸の各都市に貨物を運ぶ北米ランドブリッジが1972年に始まりました。約25日かかるパナマ運河経由の船便に比べると，約5日の短縮となりました。

　ランドブリッジの特徴は，船の輸送に比べると費用が大きくなることです。特に，大型化によって常に低減し続ける船の輸送コストに，いかに対抗するかがポイントとなります。シベリア・ランドブリッジが，壊滅的といえるほど衰退したことについては後述します。

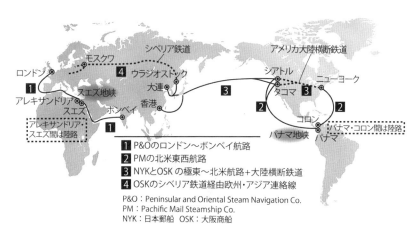

図7-1　スエズ，パナマ運河開通前の国際複合輸送ルート**1**，**2**と，大陸横断鉄道を併用した複合輸送ルート**3**，**4**

7.2　コンテナ船の登場と国際複合輸送の発展

　コンテナ船によるコンテナの海上輸送によって，港での荷役が簡単になるとともに，同じコンテナでの海陸一貫輸送が可能になり，国際複合輸送が大きく発展しました。船に積載されるコンテナは，鉄道，トレーラーで港に運ばれ，航海して目的港に到着すると船から降ろされて，再び，鉄道，トレーラーに積み替えられて，荷受人のところまで運ばれるようになりました。

　特に北米大陸の大陸横断鉄道では40フィートコンテナを2段積みしたダブルスタックカー（DSC：Double Stack Car）が登場し，1車両で300〜500 TEU

を輸送できるようになり，北米ランドブリッジが定着しました。その結果，ア
ジアと北米東岸との間の場合には，パナマ運河を経由して運ばれるより，はる
かに速くコンテナが目的地に着くようになりました。さらに北米東岸からコン
テナ船で欧州まで運ばれるランドブリッジルートも確立し，スエズ運河経由の
コンテナ船より 4 ～ 5 日は輸送日数が減りました。

図 7-2　アメリカ大陸横断鉄道。北米西岸と東岸を結ぶ鉄道で現在 8 ルートがあり，
　　　　6 ～ 7 日かかります。現在ではコンテナを 2 段積みしたダブルスタックカー
　　　　も運航されています。20 フィートコンテナで 300 ～ 500 個分を一度に運び，
　　　　列車は 1.5 ～ 2.5 km の長さとなります。（写真提供：APL）

図 7-3　コンテナを 2 段積みした鉄道のダブルスタックカー。パナマ運河鉄道のバル
　　　　ボア港の列車基地の写真です。

7.3　シベリア・ランドブリッジの衰退

　こうして発展する国際複合輸送ですが，すべてが成功しているわけではあり
ません。1980 年代には年間 10 万 TEU の輸送実績があったシベリア・ランド

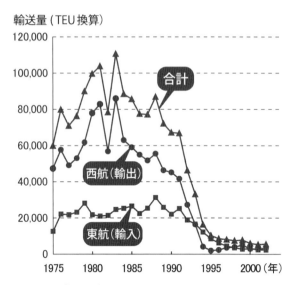

図7-4　シベリア・ランドブリッジによるコンテナ輸送量の変化です。ソビエト連邦の崩壊に伴って1990年代に急減しています。その後は，コンテナ船の大型化，ハブ＆スポークシステムの導入などによる海上コンテナ輸送のコスト低下が顕著で，ランドブリッジの復活は難しいとみられています。

ブリッジは，1990年代には輸送量が急落して主要輸送幹線としての役割を終えました。その原因は，1991年にソビエト連邦が崩壊し，シベリア・ランドブリッジによる輸送収入を増やすためにロシアの鉄道が運賃の値上げを繰り返し，スエズ運河経由の欧州航路のコンテナ船に比べると1週間近く輸送日数が短いにもかかわらず，価格競争に敗退した結果とされています。さらに，2000年代になるとハブ＆スポークシステムの進展に伴い，極東～欧州航路のコンテナ船の大型化が急速に進み，コンテナの海上輸送コストが急速に下がり，シベリア・ランドブリッジによる輸送は経済的に太刀打ちできなくなりました。

7.4　もうひとつの国際複合輸送—シー＆エアー

　鉄道によるランドブリッジとともに，一時脚光を浴びたのがシー＆エアーと呼ばれる飛行機輸送と船舶輸送を組み合わせた国際複合輸送です。日本～

欧州間の輸送日数が船の 1/3 にまで短縮され，さらに飛行機の大型化によって100 トンまでの貨物の積載が可能になったため需要増が期待され，1962 年からは北米西岸経由，1968 年からはソ連経由の輸送が開始されました。実際のルートは以下のようなものでした。

- 北米西岸経由：日本〜（船）〜北米西岸〜（航空）〜北米東岸〜（航空）または（船）〜欧州
- ソ連経由　　：日本〜（船）〜ボストチヌイ〜（航空）〜モスクワ〜（航空）〜欧州

　しかし，コンテナ化の大きな特長である荷役の合理化がシー＆エアー輸送ではできませんでした。航空機では重い鋼製の船舶用コンテナは使えないため，空港での荷物の詰め替えが必要となり，コンテナ輸送の大きな長所である一貫輸送ができなかったためです。

　一時は，各海運会社ともにシー＆エアー国際複合輸送に力を入れていましたが，現在では，ほとんどこの分野からは撤退し，混載業者やシー＆エアー専門会社が実施しています。ルートとしては日本からの貨物を船で運び，北米西岸港から欧州，南アジアの港から欧州・中近東，北米西岸港・ガルフ港から中南米の各区間を航空機で運ぶものがあります。

7.5　輸送期間短縮のための複合輸送

　日本と北米内陸各地との輸送には，1971 年からミニランドブリッジが開始されました。日本の港から，コンテナ船で北米西岸の港に運び，鉄道に乗せて北米内陸の各地に輸送するもので，一貫輸送運賃が設定され，通し船荷証券（Through B/L）が発行されました。

　さらに北米内陸部に IPI（Interior Point Intermodal）と呼ばれる基地が配置され，より効率のよい輸送ができるようになりました。この結果，パナマ運河を通って米ガルフ・東海岸の港で荷揚げして，鉄道またはトラックで米内陸各地に輸送するよりは，所要時間が短縮できるようになりました。

　また，最近の身近なランドブリッジとしては，日本と中国との間のコンテナ

輸送を，韓国国内で陸上輸送し両端で船舶での輸送を行うランドブリッジとして，日本〜韓国〜中国の国際複合一貫輸送を行う事例も出てきて，コリア・ランドブリッジと呼ばれています。例えば，韓国のパンスターフェリーの事例では，大阪・金沢・敦賀からカーフェリーまたは RoRo 貨物船で釜山まで運び，陸上を光州の郡山までトレーラー輸送し，再びフェリーで山東省の石島まで運ぶというものです。ドア・ツー・ドアの輸送時間（リードタイム，LT）は，在来型コンテナ船の約 1 週間が，2 〜 3 日に短縮され，航空機輸送の 2 日にも対抗できるようになったといいます。

7.6　国際複合一貫輸送とは

　最近は，国際複合一貫輸送が定着しています。

　かつては船会社の役割は，前述のように港と港の間の貨物の輸送で，輸送責任は海上輸送の部分のみでした。しかし，1960 年代からコンテナ海上輸送が本格的に展開され，ドア・ツー・ドアの海陸一貫輸送が可能になりました。そして 1980 年代には，運送サービスと輸送手段の分離が始まります。

　この流れは，まずアメリカで始まりました。1984 年に米海運法が改正され，海運事業者でなくても，船舶の海上輸送を含む，複数の輸送機関を使った輸送を提供することが可能となり，その輸送の責任の一元化と通し運賃の徴収ができるようになりました。そして，船舶を運航しない輸送事業者 NVOCC（Non-Vessel Operating Common Carrier）が出現しました。その中心となったのはフレイトフォワーダーで，船などの実運送手段をもたない運送人として多様な輸送の選択をし，コスト削減を図り，ドア・ツー・ドアのサービスを提供しました。これが国際複合一貫輸送です。国際複合輸送との違いは，単一の輸送契約によって国際複合輸送サービスを行うシステムであることです。すなわち，荷物を出す荷出人から，荷を受ける荷受人までのドア・ツー・ドアの輸送を，事業者が責任をもって行います。荷主にとっては，ドア・ツー・ドアの輸送依頼が可能になれば，輸送時間の短縮，コスト低減，責任の所在の一元化，手続きの簡素化などのメリットがあります。

　日本では，1989 年に物流 2 法ができ，利用運送が解禁となり，海運会社も

国際複合一貫輸送を始め，それまでの海運事業から総合物流事業（Multi-modal Logistics）へと脱皮をしたのです。国際フレイトフォワーダーズ協会の貨物取扱量の統計によると，2000 年代に入って，国際複合一貫輸送の貨物量は図 7-5 に示すようにほぼ一貫して伸びており，2015 年には輸出入合計で 1 億トンを超えています。

　こうして国際複合一貫輸送は，ドア・ツー・ドアの効率的な輸送，トヨタ式ジャスト・イン・タイムの導入，メーカーの在庫縮小・コスト削減と，荷主のニーズに合わせた進化を遂げており，さらなる複合輸送形態によるロジスティクスへ向かっています。

　こうした輸送ニーズに応えるために，コンテナ船の運航は，各港で定曜日発着のウイークリーサービスが定着し，船，鉄道，トラックの有機的な結合，効率的な運営が求められるようになりました。

　日本の国際複合一貫輸送では，2000 年代までは輸出はアメリカ向け，輸入

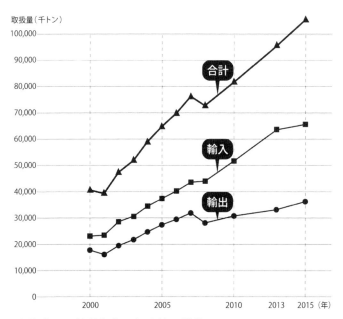

図 7-5　国際複合一貫輸送貨物取扱実績の推移
　　　　（一般社団法人 国際フレイトフォワーダーズ協会の資料を基に作成）

図7-6　ドーバー海峡をフェリーで渡るトレーラーに積載されたコンテナ。海上輸送だけを担っていた海運が，今ではシームレスな国際複合一貫輸送に姿を変えています。

は中国からがトップでしたが，最近は輸出入ともに中国がトップになり，2015年の統計では中国の輸出が全体の 17.5%，輸入が 49.6% を占めるまでになっています。

7.7　需要の評価法

　海運業では需要をできるだけ正確に予測することが必要となります。需要を推定する手法はさまざまありますが，ここでは犠牲量モデルを使った需要予測手法について説明します。

　ユーザーがどのようにして輸送機関を選択するのかが分析できると，海運会社各社は自社の輸送サービスを選んでもらえるかが分かり，それぞれの輸送サービスがどの程度のシェアをとれるかが分かります。

　比較的手軽に需要分析ができるのが犠牲量モデルを使う方法です。この犠牲量モデルとは，ユーザーは交通機関の利用に当たって最も犠牲となる量が小さい交通機関を選ぶという前提に立って分析を進めるもので，旅客でも貨物でも使うことができます。

犠牲量は，次のように規定するのが最もシンプルなものです。

　犠牲量＝運賃＋所要時間×時間価値

　ユーザーは，交通機関の決定に当たっては，輸送にかかる費用すなわち運賃だけでなく，所要時間も大事な要素として考えるのが普通です。ただ，この所要時間の評価は人と貨物では大きく異なります。人の場合は，忙しく飛び回るビジネスマンにとっては所要時間が大切で，多少高くても所要時間の短い交通機関を使うでしょう。一方，休み中の学生やリタイアした年金生活者は，多少所要時間はかかっても運賃の安い交通機関を使うでしょう。このように，どのような所要時間がいいのかは人によって異なるので，それを金額換算するために時間価値という考え方を導入します。人の移動であれば，時間価値は時間給すなわち 1 時間に稼げるお金となり，貨物であれば時間当たりに発生する金利や，売上入金の遅延による 1 時間当たりの損失などからなる利益の減少分ということになります。

　次に具体的なシェアの求め方について説明します。まず縦軸に犠牲量をとり，横軸に時間価値をとった図にすると，異なる交通機関によって，図 7-7 の **Ⓐ**〜**Ⓒ**のように違う直線が描けて，その交点 • が求まります。この交点を境にして，

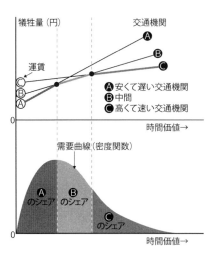

図 7-7　犠牲量モデルによる輸送機関ごとのシェアの計算法

犠牲量が最も低くなる交通機関が変わります。それぞれの時間価値の区間では，犠牲量が最も低い交通機関がユーザーに選ばれると考えます。それぞれの時間価値をもつ人または貨物の需要分布が密度関数として分かると，それぞれの交通機関の獲得できるシェアは図中に示すそれぞれの面積となります。なお密度関数とは，全面積が1になるように調整した関数で，それぞれの面積がシェアを表します。

【演習1】どんな人がどんな交通機関を選ぶ？

大阪〜東京間の人の移動需要を犠牲量で考えてみましょう。交通機関は，簡単のために飛行機，新幹線，高速バスの3つを考えることとし，所要時間と運賃は次のように仮定します。

	所要時間	運賃
飛行機	1時間	20,000円
新幹線	3時間	14,000円
高速バス	8時間	8,000円

時間給の違いによって選ぶ交通機関が変わりますので，次の3つの時間給の人の選ぶ交通機関を犠牲量モデルで求めましょう。

- 時間給が5,000円の人
- 時間給が2,000円の人
- 時間給が1,000円の人

次に，飛行機を選ぶ人は時間給がいくら以上の人かを求めましょう。
最後に，高速バスを選ぶ人は時間給がいくら以下の人かを求めましょう。

【演習2】どんな貨物がどの輸送機関を使う？

貨物の1日当たりの時間価値が商品価格の1%だとすると，日本から上海までの精密機器，金属部品，古紙の輸送には，どの輸送機関が選ばれるかを犠牲量モデルで判定してみましょう。

日本〜上海間の輸送リードタイム（所要時間）と運賃は，飛行機と高速RoRo 船，在来型コンテナ船で次のように仮定します。

	リードタイム	商品輸送運賃
飛行機	2 日	2,500 円/kg
高速 RoRo 船	3 日	1,200 円/kg
在来型コンテナ船	10 日	300 円/kg

また，貨物の商品価格は次のように仮定します。

精密機器	80,000 円/kg
金属部品	10,000 円/kg
古紙	100 円/kg

【演習 3】フェリーのシェア分析

大阪〜大分間のフェリーと鉄道の旅客シェアを予測してみましょう。この間の年間旅客需要は 100 万人とし，利用者の時間価値の分布は図 7-8 のようになっているとします。

鉄道とフェリーの所要時間と運賃は次のように仮定します。

	所要時間	運賃
鉄道	5 時間	17,000 円
フェリー	12 時間	6,000 円

計算法のヒント：まずそれぞれの交通機関の犠牲量の式を作ります。次に，この式の値が同じになる時間価値，すなわち 2 つの方程式の交点を求めます。これは，縦軸を犠牲量，横軸を時間価値とした図に鉄道とフェリーの犠牲量の直線を描いて交点を求めても，2 つの犠牲量の式を連立させて解いても求まります。

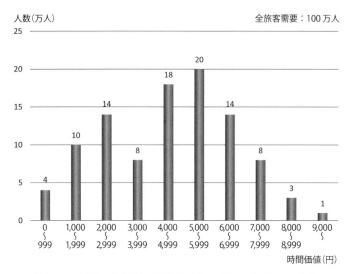

図 7-8　大阪～大分間を移動する旅客需要の時間価値分布

　求まった交点を境にして，犠牲量が小さい輸送機関が逆転します。この交点
より上の時間価値では鉄道の方が時間価値が低くなり，図 7-8 の時間価値ごと
の人数を総計すると鉄道を利用する人数が求まります。交点より下の時間価値
の人は犠牲量の小さいフェリーを利用することになります。こうして，それぞ
れの輸送機関の乗客数の総計を，全需要の 100 万人で割ると，鉄道とフェリー
のシェアがそれぞれ求まります。

　この犠牲量モデルを使うと，例えば，フェリーのシェアを 3 倍にするにはど
うすればよいかといったことが検討できることになります。

コラム⑳　損益分岐点

　損益分岐点（Break-even point）とは，コスト（費用）と収入（売上）が ちょうど一致する点のことをいいます。すなわち利益が出るか，赤字になるか のぎりぎりの点で，あらゆる経済活動にとってとても大事なポイントです。

　コスト計算を行うに当たって，海運業においては，コストの中に固定費と変 動費が複雑に混じり合っているので，それを明確に分離しておく必要がありま す。

　固定費とは，需要が変動しても変わらないコストで，所有する船舶の減価償 却費，金利，修理費，税金，雇っている正規社員（船員および陸上職員）の人 件費などがあります。一方，変動費としては，燃料費，貨物費（貨物の移動， 管理など），港費（港湾にかかわる費用）などがあります。こちらは需要に応 じて変動する費用となり，需要が減少して運ぶ貨物が減ると減少します。貨物 を運ぶ船を所有せずに用船をして需要の変動に対応すると，固定費が減少しま すが，需要が急増した時には用船費も高騰するのでコストが増加します。

≪課題≫

7-1　国際複合輸送とは何ですか。

7-2　国際複合輸送と国際複合一貫輸送との違いを説明してください。

7-3　ランドブリッジとはどのような輸送方法ですか。

7-4　シベリア・ランドブリッジが衰退したのはなぜですか。

7-5　ドア・ツー・ドアの輸送とは何ですか。

7-6　犠牲量モデルにおける，犠牲量の定義を書いてください。

7-7　犠牲量モデルでどのようなことができますか。

7-8　損益分岐点とは何ですか。

第 8 章

ロジスティクス

8.1　ロジスティクスとは

　ロジスティクス（logistics）とは，軍事用語で兵站^(へいたん)の意味です。これは戦闘を行う前線の部隊に，各種の軍需品，食料など必要なものを供給する任務で，実際の戦争では非常に重要な役割となっています。

　ビジネスの世界でも，このロジスティクスという言葉が多用されるようになっており，ビジネス・ロジスティクスとも呼ばれています。これはサプライ・チェーンの一部として，発生地点から消費地点までの効率的な「もの」の流れと保管，サービスおよび関連する情報を計画，実施，コントロールする過程と定義されています。

　サプライ・チェーン・マネジメントとは，複数の企業間で統合的な物流システムを構築して，経営成果を高めるマネジメント手法で，「原材料の供給者から最終需要者に至る全過程の個々の業務プロセスを1つのビジネスプロセスとしてとらえなおし，企業や組織の壁を越えてプロセス全体の最適化を継続的に行い，製品・サービスの顧客付加価値を高め，高収益を得るための戦略的経営管理手法」と，米サプライチェーンカウンシルが定義しています。

　ロジスティクスのフレームワークを Douglas M Lambert が次のように定義しています。

- 顧客サービス
- 需要予測
- 流通情報
- 在庫管理

- 材料ハンドリング
- 受注処理
- 部品・サービス支援
- 工場・サービス拠点選定
- 調達
- 梱包
- 返品処理
- 廃棄
- 輸送
- 保管

　以上のたくさんの項目を，それぞれいかに効率よく運営するかがロジスティクスでは重要となります。

8.2　産業構造のグローバル化

　物流がロジスティクスとして高度化した原因を見てみましょう。

　加工貿易立国である日本は，原材料を輸入して，それを加工・生産して製品に仕上げて，輸出または国内販売をしており，各過程において物流が必要となります。

　原材料の輸入，製品の輸出については，島国である日本では，海運がその物流を担ってきました。

　一方，国内での加工・生産の過程での物流はトラック輸送が中心で，一部，原材料などの輸送では内航海運もその一端を担ってきました。

　特に日本をはじめとする先進国が製造する製品は多数の部品からなっており，その多様化が顕著です。例えば，自動車は 5 万点を超える部品からなっていますし，20 万トン型の貨物船では部品数が約 20 万点，11 万トンのクルーズ客船だと約 2,100 万点，飛行機だと約 600 万点にも及びます。この部品を最終組立工場に輸送する必要があります。

　1985 年のプラザ合意に伴う急激な円高は，部品生産のグローバル化を進展

させました。すなわち主要部品の生産は日本国内に残りましたが，コストの安い発展途上国で多くの部品生産を行い，それを日本に運んで組み立てる国際分業いわゆる水平分業が拡大しました。これに伴って，海を越えた物流のグローバル化が必要となりました。

　さらに自動車や家電製品では，貿易摩擦の影響などで地産地消の普及も進みました。すなわち，最終生産拠点が消費地へと移動したのです。

　こうしたグローバル化した複雑な物流システムにとって必要なのがサプライ・チェーン・マネジメントとロジスティクスなのです。

8.3　需要と供給の同期化

　ロジスティクスにとって最も大事なのが需要と供給の同期化です。同期化とは，時間をぴたりと合わせることです。これはジャスト・イン・タイムという言葉で定着しており，必要なものを必要な時に必要な場所に供給することといえます。

　この同期化をサプライ・チェーンの関係者のそれぞれの接点で行う必要があります。すなわち，消費者と流通販売業者，流通販売業者と製品組立生産者，製品組立生産者と部品生産者，部品生産者と部材生産者というように，それぞれの関係者について需要と供給の同期化を行うこととなります。

　同期化を行ううえでは，これを需要と供給の時間差を最小とする最適化問題としてとらえる必要があります。もちろんコストも最小とならなければなりません。

　こうした複雑な管理を可能にしたのが高度なコンピュータ管理システムです。IC タグなどの利用によって常に物がどこにあるか，どのような状態かを把握することが必要となります。

8.4　海運会社が取り組んだロジスティクスの事例

　『入門「海運・物流講座」』（日本海運集会所発行，2004 年，pp.198-205）に，日本郵船が取り組んだ以下のようなロジスティクスの事例が紹介されています。

〔事例 1〕北米リテーラーの場合

　米ウォルマート，Ｋマート，ホームデポなどの小売量販店は，アジアから商品を大量輸入し，販売しています。従来の物流では，各量販店からアジアの生産者（数百にのぼる）に発注してから納品までのリードタイムが約 3 ヶ月かかっていました。このリードタイムの長さが，需要の変化のリスクにさらされる要因となっており，それを解消する複合物流ソリューションが必要とされていました。

　そこで日本郵船は，生産地近くにバイヤー・コンソリデーション基地を設置して，発注情報の共有，生産者の納品管理，納品商品の仕分け，輸送方法の選択，輸送進捗の管理，北米納品拠点への搬入・仕分け，各地配送センターへの輸送，各店舗への納品を行うシステムを構築しました。その結果，リードタイムは約 3 ヶ月から約 2 週間に短縮されたといいます。

　このシステムのキーは，カーゴ・インフォメーションシステムと呼ばれる情報管理システムにあり，これによって全関係者の情報の共有が可能となりました。

　また，このシステムのメリットとしては，リードタイムの短縮だけでなく，納品遅れや輸送遅れといった調達の不確定要素の排除，輸送効率の向上，需要変化に応じた輸送経路の柔軟な選択，消費地近くでの納品変更への柔軟な対応などが可能になったと紹介されています。

〔事例 2〕自動車会社の部品調達物流

　2 つ目の事例としては，最適なロジスティクスの在り方は 1 つではなく，生産する企業の考え方にしたがって，それぞれテーラーメイドで構築する必要があることを紹介します。

　Ａ社は，生産された部品を自社で管理・輸送するポリシーをもっていました。そこで，日本郵船は「ミルクラン＆クロスドック方式」を提案しました。これは，物流会社が部品工場を周回して部品をクロスドックに輸送し，仕分けして，自動車組立工場に納品するというものです。

　Ｂ社は，部品調達・輸送を部品生産者が管理・輸送するシステムをとってい

ました。そこで，「JIT/VMI 物流センター方式」が提案されました。すなわち，自動車組立工場の近くに物流センターを設けて，部品の在庫をもち，ジャスト・イン・タイムで工場に納品するシステムとしたといいます。

　よく似ていますが，物流会社としての役割が違っています。このように顧客に応じて，それぞれに最適なロジスティクスは異なってきます。

≪課題≫

8-1　ロジスティクスの元々の意味を説明してください。

8-2　ビジネスにおけるロジスティクスの定義を書いてください。

8-3　ロジスティクスのフレームワークを Lambert の定義に従って挙げてください。

8-4　海運業にもロジスティクスが必要となったのはなぜですか。

8-5　需要と供給の同期化とは何ですか。

第 9 章

海運会社の役割

　日本の輸出入貨物の99.6％を船が運んでいます。その船を運航しているのが海運会社です。日本の海運会社が運航している船を，日本商船隊といいます。日本商船隊の船腹量は，世界の船腹量である約17億総トンに対して，2015年時点で13.3％を占めています。そして，日本の輸出貨物の約36％，輸入貨物の70％を日本商船隊が運んでいます。

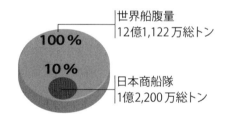

世界船腹量
12億1,122万総トン

100 ％

10 ％

日本商船隊
1億2,200万総トン

日本船主協会発行「SHIPPING NOW 2016〜2017」を参考に作成

図 9-1　世界の商船隊に占める日本の商船隊の割合（船腹量：重量トン）

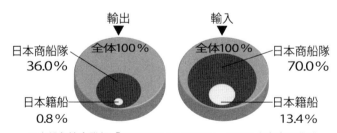

輸出　　　　　　　輸入

日本商船隊
36.0％

全体100％

全体100％

日本商船隊
70.0％

日本籍船
0.8％

日本籍船
13.4％

日本船主協会発行「SHIPPING NOW 2016〜2017」を参考に作成

図 9-2　日本の輸出入貨物の日本商船隊による積取比率（重量トン）

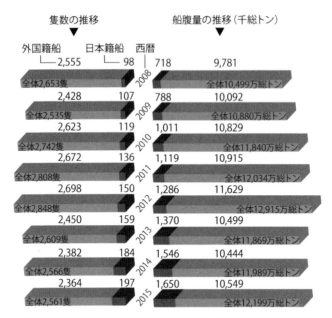

日本船主協会発行「SHIPPING NOW 2016〜2017」を参考に作成

図 9-3　日本の商船隊の外国籍船と日本籍船の構成の推移（2008 年〜 2015 年）

コラム㉑　深刻となっていた日本籍船の減少

　一時，日本籍船の減少が深刻になっていました。2008 年には 2,653 隻の日本商船隊のうちのわずか 98 隻が日本籍という有様でした。残りは外国籍船で，そのうちの多くが，日本の船主が登録料や税金の安い国で登記する便宜置籍船でした。こうした外国籍船では，人件費の安い国の船員で運航ができるので，運航コストが大幅に下がります。このため日本人船員で運航する日本籍船は，海外の海運会社との競争に勝てなくなりました。

　その後，日本籍船に外国人船員を配乗させることができるようになり，さらに海運関連の日本の税金なども世界の海運界のグローバルスタンダードに近くなったため，最近は，次第に日本籍船が増えており，2015 年の時点では 197 隻にまで回復しています。東日本大震災の原発事故の時には，外国籍船の中には日本への寄港をいやがる事例もあったといいます。有事の時のために日本籍船を一定数確保しておくことも大事なことだと思います。

9.1　海運会社の組織

　海運会社の組織を商船三井の場合を例にして紹介します。2013 年の同社の資料に基づいたものです。会社は日々ダイナミックに変わっていますので，以下は，1 つの例として見てください。

　株式会社ですので，株主総会が最も上位にあり，取締役会が実際の業務の責任をとることとなります。その下の経営会議で経営に関する企画や実行の指揮をとります。

　実際の業務は，間接部門と営業・運航管理部門に分かれています。後者の営業・運航管理部門が，海運会社に独特の組織となっています。

表 9-1　海運会社の組織（商船三井の場合）

株主総会・監査役会	
取締役会	：会長，社長，副社長，専務，常務，取締役，社外取締役，監査役
経営会議	：予算，投融資，安全運航対策，CSR 環境対策，コンプライアンス委員会など
間接部門	：経営企画，人事，総務，広報，営業調査，情報システム，財務部など
営業・運航管理部門	：定期航路，鉄鋼原料船，不定期航路，専用船，油送船，LNG 船，自動車船，ロジスティクス，グループ事業，技術部など

9.1.1　定期船部門（定航部）

　一定の航路をスケジュール通りに運航される定期船すなわち「ライナー」（liner）と呼ばれる船舶を管理する部署で，現在ではコンテナ船の運航が中心となります。

　船のスケジュール管理，各寄港地を中心とした営業（トレードマネジメント），船およびコンテナの調達，船舶管理マネジメントなどが日常業務となります。

　定期船の特徴は，運賃が市況に大きく左右されることです。かつては海運同

盟が機能して運賃安定化が図れましたが，海運同盟の崩壊後はアライアンス間の熾烈な競争が激化し，運賃が乱高下するようになりました。また，基本的にドル建て運賃のため為替変動の影響を受け，円高になると日本の海運会社は利益が減少します。

コンテナ船運航の特異性としては，高価なコンテナ船の建造，多数のコンテナの所有，コンテナターミナルの整備などのために高い固定費が必要な装置産業であることです。このため将来を的確に予測した船隊整備，コンテナ調達などが必要となります。

需要の非弾力性も大きな特徴といえます。すなわち，運賃低減をしても需要増加に結びつかず，過激な運賃競争に陥りやすいのです。

大きな需要の季節的変動，需要の一方向性による片荷輸送の問題もあります。また，需要が増加しても，船舶調達の非弾力性が顕著で，新造には時間がかかります。

新規参入の自由があることから，運賃が上がると新規参入者が出現して，供給過多となって運賃が低下するという悪循環に陥ることも少なくありません。

国によっては政府補助金制度の存在が自由な競争を妨げる場合もあります。定期的なスケジュールで運航されるので，一般商品のような在庫が効かず，スペースに空きが出ると運賃の安易な低減が起こりやすいのも特徴の1つです。

コラム㉒　2000年代初頭のコンテナ船の運賃

TEU当たりの運賃はおおよそ下記のようなレベルでした。

- アジア→米国：2,200ドル
- 米国→アジア：1,000ドル
- アジア→欧州：2,000ドル
- 欧州→アジア：1,000ドル
- 日本→アジア：400ドル
- アジア→日本：800ドル

これを製品当たりの運賃にしてみると，

- アジア→米国：ビデオプレーヤー1台当たり88セント
- 欧州→アジア：ワイン1本当たり7セント

となります。大型の船舶が貨物をいかに安く運べるかが分かります。

9.1.2　鉄鋼原料船部門

製鉄所で使う鉄鉱石を産地から製鉄所に，ばら積みで運ぶ船を運航する部署です。ほとんどが鉄鋼会社との長期契約に基づいており，海運会社にとっては安定収益となります。長期契約以外の船は，スポット用船や短中期契約で運航することになりますが，その運賃は需給や世界経済の状況，政情不安などの影響を受けて乱高下するため，船会社にとっては不安定収益となります。

発展途上国の成長に伴って，粗鋼生産量が増加しており，鉄鋼原料の海上輸送は増加しています。2000 年代には，BRICs（ブラジル，ロシア，インド，中国）の経済成長が著しく，特に中国の経済成長が海運市況を沸騰させました。

輸送の効率化を図るために船舶の大型化が進み，バーレマックスと呼ばれる40 万載貨重量トン型の超大型船も登場しています。

9.1.3　不定期船部門

ワールドワイドに運航するばら積み貨物船（バルクキャリア，バルカー）を貨物輸送の需要に合わせて手配し海上輸送を行う不定期船を管理する部署です。例えば，日本の港からアジアの港にセメントを運び，アジアの港からオーストラリアの港まで空船回航し，オーストラリアの港から日本の港に塩を運び，日本の港から北米の港には空船回航し，北米の港から日本の港に小麦を運ぶというように，荷物があるところに行って輸送に携わります。空船回航を最小化して，実質的な運賃収入のある航海を増やすことが，この部門に与えられた使命といえます。時には，日本以外の国の間の輸送にも携わり，これを三国間輸送といいます。

商船三井の場合には，1 人のスタッフが 7 ～ 10 隻のオペレーションを行っています。具体的な業務としては，船長との連絡や指示を行うオペレーション業務，船主とのチャーターや金銭交渉，輸送の質の問題での顧客との交渉などがあります。

9.1.4　エネルギー資源輸送部門

原油やその精製品，LNG や LPG といった液化ガスなどを輸送するタンカーの運航管理をする部署です。

中近東などの産油国からの原油（Crude oil）は，大型のタンカーで運びます。大型タンカーとしては，20 〜 30 万トンの VLCC（Very Large Crude Oil Carrier）や 30 万トン以上の ULCC（Ultra Large Crude Oil Carrier）があります。

ナフサ，灯油，ガソリン，ジェット燃料などの石油精製品を運ぶのがプロダクトタンカーで，精製所と消費地の間で運航します。

天然ガスは，マイナス 162 度に冷やして液化した LNG（液化天然ガス）として運びます。また，プロパンガス，ブタンガスなども液化した LPG（液化石油ガス）として運びます。

原油，LNG，メタノールなどは長期輸送契約で運ぶことが多く，船会社にとっては安定収益となります。一方，プロダクトタンカーはスポット契約が多く，不安定収益となります。

中東の原油の産地から日本への輸送では，海賊が出る場所もあり，シーレーンの確保が重要な業務となります。危険物輸送に伴う安全対策も必須です。

9.2　外航海運マーケットの指標

世界のばら積み船の運賃の指標となっているのが，バルチック海運指数（BDI）で，ロンドンのバルチック海運取引所がその時々の運賃を発表しています。これは，1985 年 1 月 4 日の指数を 100 としており，最近の海運ブームの 2008 年 5 月には 11,793 まで高騰，リーマンショック後の 12 月には 663 と急落しています。

一方，タンカーの運賃指標として使われているのがワールドスケール（WS）と呼ばれるもので，ロンドンとニューヨークのワールドスケール協会がタンカーの航路別運賃として制定しており，石油危機，湾岸戦争時には 10 倍以上に暴騰しました。

9.3　海運マーケット変動の理由

　海運マーケット，すなわち海上輸送運賃の変動は，基本的に需要と供給のアンバランスによって起こります。海上輸送貨物量という需要が多く，輸送に供しうる船舶の輸送能力（船腹）という供給が不足すれば，海運マーケットは沸騰して運賃が上がりますし，その反対になれば運賃は下がります。

　繰り返し需給のアンバランスが起こる主な理由としては，海運好況時に大量の新造船発注が行われ，船舶が続々と完成した頃には景気が悪くなって運賃が下がり，海運不況に突入するといった繰り返し，世界経済の景気変動，気候変動による穀物需要の地域的な変動に伴う緊急輸送，戦争，動乱，運河など主要航路の閉鎖などの社会的な要因によるものなどです。

9.4　新しい海運マーケット

　海上を運搬する新しい需要が出れば，必ず新しい海運マーケットが生まれます。古くは鉄道網の発展によって列車を積載して海を渡る鉄道連絡船が生まれ，モータリゼーションの発展に伴ってカーフェリーが登場しました。また，世界的なモータリゼーションの発展に伴って自動車生産国から大量の完成車を効率よく運ぶための自動車専用船 PCC（Pure Car Carrier）や PCTC（Pure Car & Truck Carrier）が登場し，新しい海運マーケットを形成しました。

　航空機網の発展から大洋を渡る定期客船は姿を消しましたが，船で周遊しながら楽しむクルーズが大きな産業となり，定期客船時代の最大船の 3 倍もの大きさの巨大クルーズ客船が活躍しています。

　巨大なプラントを運ぶプラント運搬船，飛行機の部品を専用に運搬する船，ヨット・ボート専用運搬船，深海での石油・天然ガス開発のための資材を運ぶサプライボートや生産した油を運ぶシャトルタンカーなどもあります。

　これからもさまざまな新しい輸送ニーズに合わせた新しい船が登場し，新しい海運マーケットが育成されていくに違いありません。海運は常に進化し続けています。

≪課題≫

9-1　日本の貿易に占める船舶輸送の割合はどのくらいですか。

9-2　日本の商船隊の船腹量が世界の船腹量に占める割合はどのくらいですか。

9-3　日本商船隊の中に占める日本籍船の数が少ないのはなぜですか。

9-4　日本籍船の数は増えていますか，減っていますか。

9-5　海運会社の定航船部門ではどのような仕事をしていますか。

9-6　海運会社の不定期船部門ではどのような仕事をしていますか。

9-7　海運マーケットが大きく変動するのはなぜですか。

船の運航

10.1　船員構成

　船を実際に動かすのは船員で，最近の外航貨物船の場合には 18 ～ 30 名程度が乗船しています。また，内航貨物船では 13 名前後が多いですが，小型の 600 総トン級では 6 名前後となっています。

　一般的な外航船および大型内航船における船員構成の例を挙げると以下のようになっています。

　船長
- 甲板部（船の操船を担当）　　　　：1，2，3 等航海士＋部員
- 機関部（機械類の運転・整備）：機関長＋1，2，3 等機関士＋部員
- 事務部　　　　　　　　　　　　：事務長＋司厨長＋部員

また，クルーズ客船の場合には，航海部門の甲板部と機関部の他に，ホテル部門（事務部，飲食部，客室部，エンターテイメント部など）があり，大型クルーズ客船ではホテル部門の要員が 1,000 ～ 2,000 人にものぼります。こうしたホテル部門の要員も，全員，船員としての訓練を受けており，非常時には乗客の安全な避難誘導に携わります。

　航海士や機関士は職員または士官と呼ばれ，国が認定する海技資格（海技従事者資格）をもっている必要があります。また船には，それぞれ航海区域が定められています。遠洋区域は世界中どこでもいけます。近海区域は日本の近海のアジア水域など，沿海区域は日本の沿海，平水区域は湾内，湖，河川などで運航することができます。以下に 2 つの事例を挙げておきます。

〔事例1〕 貨物船で5,000総トン以上，エンジン馬力6,000kW以上，
　　　　遠洋区域を航行する船の場合

船長	：1級海技士（航海）	機関長	：1級海技士（機関）
1等航海士	：2級海技士（航海）	1等機関士	：2級海技士（機関）
2等航海士	：3級海技士（航海）	2等機関士	：3級海技士（機関）
3等航海士	：3級海技士（航海）	3等機関士	：3級海技士（機関）

〔事例2〕 貨物船で200総トン以上，エンジン馬力750kW以上，
　　　　近海区域を航行する船の場合

船長	：4級海技士（航海）	機関長	：4級海技士（機関）
1等航海士	：5級海技士（航海）	1等機関士	：5級海技士（機関）

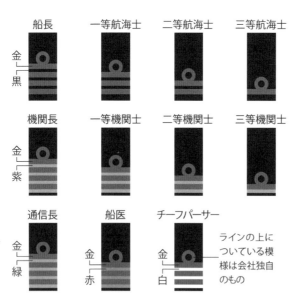

図10-1　船員の肩章を見ると，船上でどのような仕事に従事しているかが分かります。

コラム23　船員の労働組合

　船員の労働条件改善と社会的地位の確立を目指す労働組合が，全日本海員組合です。一般に日本の労働組合は会社単位のものが多いですが，この組合は日本で唯一の産業別単一労働組合で，1945 年に設立され，会員数は 8 万人余りとなっています。労働条件に関する団体交渉などは，国内の海運会社全社を相手にして行います。

10.2　運航コストの中の船員費

　船員の人件費を船員費と呼び，船の運航コストの中で大きな割合を占めます。例えば，3,000 TEU のコンテナ船の場合，燃料費などを除く船舶管理コストの44％ を占めるとされています（『入門「海運・物流講座」』p.138）。

　その削減対策としては，まず乗り組む人数の削減が考えられ，日本での近代化船プロジェクトでは，11 〜 14 名での運航を目指した研究が行われました。甲板部と機関部の統合を目指し，エンジン運転の無人化によりエンジンコントロールがブリッジで可能になったため，航海士と機関士の役割を，1 人の運航士が担うというものでした。しかし，船員に安い給金の外国人を雇う状況が恒常化して，1998 年にこのプロジェクトは幕を閉じました。その背景には，船員が扱う航海機器が使いやすく，かつメンテナンスフリー化したため，従来のような高度な専門技能が必ずしも必要ではなくなったこともあったといいます。

　このように船員数の削減は影を潜め，船舶を便宜置籍船として外国人船員により運航することが一般的となり，さらに日本籍船に日本人船員と外国人船員を一緒に乗せる混乗が行われるようになりました。当初は船長と機関長を除く船員のみを外国人とすることが認められていましたが，2007 年からは船長，機関長も外国人船員とすることが可能となりました。

　外航船の日本人船員の役割も変わりつつあります。実際に乗船して船の運航に携わるだけでなく，陸上から運航管理をする高度技能者として活躍する場が広がったといいます。若い頃には乗船経験をして，陸上で多数の船舶の運航管

理をする仕事にも船員の技能が活かされる時代となっています。

コラム⑳　アメリカ籍船はアメリカ人が運航

　自国の商船に対して最も厳しい規則をもつのがアメリカです。ジョーンズ法という法律で，アメリカ籍船は，アメリカで建造され，アメリカ国籍の船員によって運航されなければなりません。アメリカでは，大型のクルーズ客船がたくさん運航されていますが，アメリカ籍の大型クルーズ客船はほとんどありません。多くがアメリカ以外の国籍をもつ船で，アメリカの港を出て，必ず外国に寄港することで，アメリカ国内のカボタージュ規制をクリアしています。これはたくさんの乗組員を全員アメリカ人にすると，人件費が膨大となって経営が成り立たないためです。

　この厳しい法律があるため，アメリカ籍の外航商船は急激に姿を消し，アメリカ国内の航路に就航する船，すなわち内航船だけになりました。

図 10-2　アメリカ国内のハワイ諸島を巡るクルーズ客船「プライド・オブ・アメリカ」は，唯一のアメリカ国籍をもつ大型クルーズ船です。アメリカ籍船は，アメリカで建造され，アメリカ人の船員で運航されなくてはならない規則のため，たいへんコストが高くなります。

10.3　高度船舶安全管理システム

　かつて船の運航は，港を出ると船長に全権委任されていました。海難時に，船長が船と運命を共にするという慣習まであったといいます。

　しかし，近年の情報伝達手法の発達が，海陸協調の船舶運航管理を可能にしました。最初は，衛星通信による電話やファックスが船と陸上とのコミュニケーションに活用され，さらにコンピューター・ネットワークを活用した IT 技術の発達が海陸一体の船舶運航管理を可能にしました。今では，インマルサット衛星による高速データ通信・パケット通信が可能となっており，船上からの情報が瞬時に陸上でも共有されるようになりました。

　こうした船における情報通信技術の発達により，1998 年，国際海事機関（IMO）は国際安全管理コード（ISM コード）を制定しました。この規則では，船長責任のもとでの船舶の安全管理から，運航会社による安全コードの策定・維持を義務付けて，運航会社の責任のもとで船舶の安全運航を海陸一体で行う高度船舶安全管理システム（Advanced Safety Management System）に移行し，1 隻ずつの個船管理から，陸上から運航する船隊（フリート）全体を管理するフリート管理に移行することを求めています。

　この運航管理では，船舶動静監視システムによって，船からの位置・速力・針路などの情報を，衛星を介して陸上の運航管理会社が時々刻々と画面表示して把握し，危険回避や最適航路の再設定を陸上で行って各船に指示をします。各船のスケジューリングも陸上で可能になります。さらに機関保守管理システムによって，船の機関の運転状況の監視が陸上でも可能になり，エンジンメーカーによる監視，診断，コンサルティング，部品供給などもされるようになりつつあります。

　衝突防止については，目視，レーダー，AIS（自動船舶識別装置）の三位一体活用ができるようになり，各船の上での判断を陸上がサポートすることも可能となっています。

コラム㉕　AIS データ

　世界中の船から発信される AIS データは，スマートフォンのアプリを使って見ることができます。著者の使っているのは FindShip というアプリで，無料で船舶の動向を見ることができます。船の名前，総トン数，スピード，行き先などの情報が分かります。これを解析すれば，海運動向なども分かります。FindShip の他には，インターネット上のサービスである Marine Traffic などが便利に使えます。

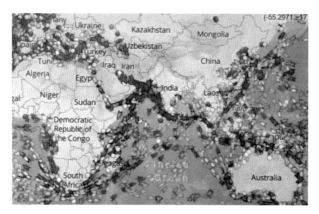

図 10-3　世界中の船の AIS データは，インターネットやスマートフォンのアプリを使って見ることができます。これは Marine Traffic の画面です。

10.4　船の運航技術

　船は，船員によって運航されています。船長は船の最高責任者で，機関長は全ての大型機械類の運転・整備の総責任者です。大型船では 24 時間運航が普通ですので，ブリッジで操船に当たる船員は，1 〜 3 等航海士と甲板部員の 2 人が一組になって，4 時間毎の当直をします。この当直のことをワッチといい，これは英語の「監視をする」という意味の watch からきています。

　船長は，出入港時および狭水道通過時など，高度の操船技術が必要な時にブ

リッジで直接指揮をとります。港ではパイロットが乗船してきて操船指揮をとることもありますが，この場合でも操船責任は船長にあります。

　港に停泊中は，甲板部は荷役作業，機関部は航海中にはできない主機関係の整備などの仕事を行います。

　大自然の海は時として船を危険な状態にします。できるかぎりスケジュール通りの運航が求められますが，台風などに遭遇すれば，船の安全が最優先された運航が行われます。船の大きな横揺れは，荷崩れを起こして船を危険な状態にします。このような状態にしないためには，それぞれの船の復原性や運動特性を正確に把握しておくことが必要となります。一般的に船舶は秒速 26 m 程度の風とそれに伴う波の中で，安全が保たれるように造られていますが，それ以上の海象に遭遇した場合には，減速して船首を波に立てて耐え忍びます。これを「ちちゅう航法」といいます。

　最近は気象予報が正確にできるようになり，こうした危険な状態を事前に避けるように航路を設定することが一般的になっています。これをウェザールーティングといいます。かつては，船長自らが船上で天気図を使って海象を予測し，それを避ける航路の設定を行いましたが，今では陸上の気象予報機関や民間会社が，最適な航路設定をしてくれるようになっています。

　船の座礁，船同士の衝突を避けることも船員の重要な仕事です。座礁を避けるためには，海図（海底の深さを示した地図）と自船の喫水の深さに基づいて，十分に深い航路を設定して航行します。船には水深を探知する装置があり，海図も電子化されていて，GPS で自船の位置が正確に把握できるようになっているために，座礁の危険性は自動的に認知できるようになっています。

　船同士の衝突については，海上衝突予防法や海上交通安全法などに規定されているとおりに，非権利船（避航船）が権利船（保持船）を避けることが求められています。互いに交差する場合には，相手船を右手に見る船が非権利船で，衝突を避けるように操船をする必要があります。一方，権利船は針路・速力を保持して非権利船の操船に影響を与えないことが求められます。

　現代の海運においては，定時運航がビジネス上，非常に大事になります。特に定期航路では，各船の岸壁の利用時間が決まっていて，遅れると他船が使用していて，港に入れなくなるからです。一般に入港予定時間から 24 時間以内

の着岸が定時運航の目安となります。台風などの荒天，濃霧による運航制限や港の閉鎖，河川港の場合の水位低下，港湾ストライキなどが定時運航の阻害要因となります。

コラム㉖　自動運航船

　最近，自動運航船の開発が世界中で活発に行われています。地図や海図の電子化が進み，自船の位置情報が GPS で正確に把握できるようになり，さらにレーダーや AIS で周りの船の動向も容易に知ることができるようになりました。そのため，座礁や衝突を自動的に避けて航行することが可能となりつつあります。

　欧州では無人化に向けた研究開発も進んでいます。

　こうした自動運航の技術は，海難防止対策としても非常に有用なものとみられています。著者らの研究グループでも，危険な横揺れの判定システムや，衝突防止のための新しい航法などの開発をしました。

≪課題≫

10-1　外航船を動かす船員の構成を説明してください。

10-2　クルーズ客船の船員の数が多いのはなぜですか。

10-3　船員の人件費を減らすための方法を挙げてください。

10-4　アメリカ籍の大型クルーズ客船が少ないのはなぜですか。

10-5　高度船舶安全管理システムとは何か，説明してください。

10-6　AIS とは何ですか。

第11章 港湾荷役

11.1 港湾荷役とは

　船舶から荷物の積み降ろしをすることを港湾荷役といいます。荷役は，乾貨物と液体貨物に大別されます。

　乾貨物のうち，穀物，木材チップ，石炭，石灰，鉱物などのばら積み貨物は，船倉の天井の開口（ハッチ）から，バケットなどで荷揚げされますが，アンローダーという特殊な専用荷役機械を使って効率的な荷役作業が行われることもあります。

　コンテナ，パレットなどに詰められた乾貨物は，ユニット貨物とも呼ばれており，岸壁に設置された専用のコンテナクレーンまたは船上のクレーンで，ハッチを通して上下に荷役をする Lift-on Lift-off 荷役（上下荷役）と，トラックやシャーシなどに積載された貨物を船の舷側に空いた開口から，ランプウェイを通って自走車両で水平に荷役する Roll-on Roll-off 荷役（水平荷役）があります。

　大規模なコンテナ埠頭では，コンテナクレーンで降ろされたコンテナは，ストラドルキャリアによって移動されターミナル内に保管されます。最近は，ターミナル内での輸送に自動運転車両 AGV を使い，すべてコンピューター管理をする近代的なコンテナターミナルも増えています。

　タンカーで運ばれる液体貨物は，船上または陸上のポンプによって荷役されます。

図 11-1　港でのコンテナ船の荷役は岸壁に設置された専用クレーンで上下に荷役されます。これを Lift-on Lift-off 荷役といいます。

11.2　革新荷役

　かつては，海上輸送される荷物の船への荷役は，船側が行う船内荷役と港湾側が行う沿岸荷役に厳格に分離されていました。

　しかし，船および港の近代化に伴い，船への荷役を船内荷役と沿岸荷役とに分けることが難しくなってきました。そこで，下記のような貨物の荷役を革新荷役と呼び，船内荷役と沿岸荷役を一体として，その料金が別途，決められました。

- 自動車専用船荷役
  ドライバーによる荷役（岸壁から船内までの一貫運転）
- Roll-on Roll-off 荷役（RoRo 荷役）
  フォークリフト，車両のドライバーによる岸壁から船内までの一貫荷役
- サイロ港湾荷役
  ばら積み貨物のアンローダーによる船からサイロビンへの直接荷役
- コンテナターミナル荷役
  コンテナヤードへの搬出入，荷捌き，陸上コンテナクレーンによる船への積み降ろし
- 陸上機械による一貫荷役

図 11-2　穀物埠頭にあるアンローダーとサイロです。ばら積み船の船倉からアンローダーで穀物を吸引して，筒型のサイロビンに自動的に入れます。

11.3　港湾荷役の規制緩和

かつて，港湾荷役事業を行うには港湾運送事業法に基づく国の認可が必要でした。港湾運送事業法では，次の事業が規定されていました。

- 一般港湾運送事業：ステベと呼ばれ，荷主または船会社からの委託で貨物の受け渡し，およびその前後の荷役，輸送を行う。
- 港湾荷役事業　　：船からの貨物の積み降ろし作業，港内での輸送作業を行う。
- はしけ運送事業　：沖に停泊した船の荷物をはしけで輸送する。
- いかだ運送事業　：木材を筏にして輸送する。
- 検数事業　　　　：貨物の数を確認する。
- 鑑定事業　　　　：損傷などを鑑定する。
- 検量事業　　　　：貨物の体積を確認する。

しかし，コンテナ船など，革新荷役を行う船が増えてきたことから，1984年には，それまで別々の事業であった船内荷役と沿岸荷役の統合が行われ，2000年には規制緩和の流れの中で，特定港湾での事業参入が許可制に変更されました。これに伴って，需給調整規制が廃止されました。

　2006年には，全港湾で事業参入が許可制に変更され，運賃・料金は許可制から事前届出制に変更となりました。また検数（鑑定・検量）人の登録制も廃止されました。

　こうして，古い規制に守られていた港湾荷役は新規参入の壁が低くなり，近代化が進むこととなりました。

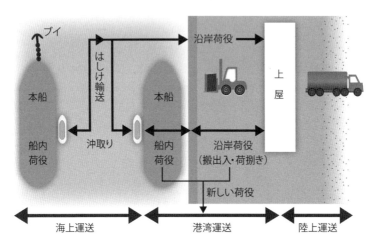

図11-3　かつては海側と陸側で荷役が完全に分かれていましたが，コンテナ船や自動車専用船などの新しい船が登場して，船内荷役と沿岸荷役が統合されるようになりました。

図11-4　はしけ輸送では，エンジンのない台船（はしけ）に荷物を積んで，タグボートでけん引して輸送します。

コラム㉗　需給調整規制

　免許制などの行政による規制において，需要と供給を行政が判断して，供給が多すぎると判断した時には免許を与えなくてもよいという規制。行政の裁量により，既存の業者を守り，新規の参入が難しくなる場合があった。

コラム㉘　港湾とギャング

　港湾荷役は，危険性も高く，特殊な技能が必要な仕事でした。しかも，種々の規制に守られた伝統的な職業でもありました。世界各国で，港湾荷役はギャングと密接に結びついていたといいます。荒くれ者の港湾荷役作業者を支配するには，力が必要であったからかもしれません。コンテナの海上輸送に新時代を築いたシーランドの創業者のマクリーンも，ニューヨークの港湾改革では，こうした地下組織との熾烈な戦いがあったといいます。

≪課題≫

11-1　コンテナ船の荷役はどのように行われますか。

11-2　革新荷役とは何ですか。

11-3　革新荷役が港湾荷役の規制緩和にどのように影響しましたか。

11-4　はしけ輸送とは何ですか。

第
12
章

船の安全性

　大自然の中で稼働する船舶は時として事故に見舞われます。海での船舶の事故を海難と呼びます。

図 12-1　追い波中で大傾斜して荷崩れを起こし，海岸に強制的に乗り揚げさせた後，横倒しになった旅客カーフェリー

図 12-2　エンジン停止によって漂流して海岸に座礁した大型貨物船の残骸

12.1　船のルールを決める国際海事機関（IMO）

　船舶は，世界中で活躍するため，航海する海域や港によって適用されるルールが違っていると困ります。そこで，外航船に関するルールは，世界共通のものが適用されるようになっています。

　そのルールを作るのが国際海事機関（IMO：International Maritime Organization）です。この組織は，国際連合の中の海に関する専門機関で，172 ヶ国が加盟しており，本部はロンドンのテムズ川の川岸にあります。

図 12-3　ロンドンのテムズ川の岸にあ
　　　　る IMO の本部ビル（屋根に
　　　　IMO のマークのある中央のビ
　　　　ル）

図 12-4　IMO 本部の会議場（1990 年代
　　　　に著者が通っていた頃に撮影）。
　　　　ここで船に関する国際規則が
　　　　審議されます。

12.1.1　船の主要国際ルール

IMO の国際ルールとしては，下記の条約があります。

- SOLAS 条約（International Convention for the Safety of Life at Sea：海上に
  おける人命の安全のための国際条約）
  船舶の安全性の担保
- LL 条約（International Convention on Load Lines：満載喫水線に関する国際
  条約）
  貨物の積み過ぎの防止
- STCW 条 約（International Convention on Standards of Training, Certification
  and Watchkeeping for Seafarers：船員の訓練及び資格証明並びに当直の基準
  に関する国際条約）
  船員訓練・資格証明・当直基準を規定
- COLREG 条約（Convention on the International Regulation for Preventing
  Collision at Sea：海上における衝突の予防のための国際規則に関する条約）
  海上における衝突予防のための航法・通信・信号を規定
- MARPOL 条約（International Convention for the Prevention of Pollution from
  Ships：船舶による汚染防止のための国際条約）
  海の汚染の防止

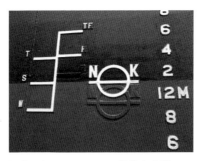

図 12-5 船体中央の喫水線に表示されている満載喫水線マーク（中央）。左は季節や海域による満載喫水線の違いを，右の数字は船底からの高さを表しています。

12.1.2 いかに国際ルールを守らせるか

IMO で作られた規則がそのまま効力を発揮できるわけではありません。各国がこの規則を批准して，各国の法律にすることによってはじめて効力が生まれます。

すなわち，船舶の国籍の国の政府によって国際規則に則って監督されます。これを旗国主義といいます。日本では国土交通省海事局が船舶の各種検査をします。船級協会が国に代わって検査をすることも可能です。

海上保安庁や水上警察は，規則違反があれば捜査をします。IMO 規則の中にポート・ステート・コントロール（PSC）というルールがあり，寄港する外航船の検査・監督を行うことができます。このルールは，1995 年に IMO で採択されました。便宜置籍船が多くなった影響で，一部の悪質船主による基準に満たない船舶（サブスタンダード船：Substandard Ship）の運航が見られるようになり，その結果，大型船の重大海難が発生したため，それぞれの船舶の国籍の国の検査・監督だけでなく，寄港時に港で国際規則が守られているかの検査が必要になったことから SOLAS 条約の中に規定されました。このルールの導入により，寄港国政府による外国籍船舶の臨検ができるようになり，寄港拒否，出港停止，荷役禁止命令，修理の要求などができるようになりました。

また，1996 年には SOLAS 条約が改正され，船級協会の最低要件が決められて基準に満たない船級協会の排除が行われ，さらに 1 隻 1 隻に IMO 番号を付けることが強制化されて，船名が変わっても基準以下の船舶の経歴を追跡することが可能な体制が作られました。

12.2 船級協会の役割

　船級協会は，第三者機関（The Third Party）として，利害の相反する造船会社，船主，保険会社の利益を守るため，船舶などに関する公平な安全性評価を行う組織です。

　各船級協会が定めた船舶に関する規則に基づき，船舶の検査（船級検査）を行い，適合している船には「船級証書」を発行します。また，国際条約に関する検査および証書の発行を，船籍国政府（旗国）に代わって行います。

　行う検査としては，以下のものがあります。

- 登録検査：船級への登録のための検査
- 定期検査・中間検査：一定の間隔で行われる検査
- 海難・損傷修理時の臨時検査
- 売買船の臨時検査

表 12-1　世界の主要船級協会

国名	船級協会名	創立年
日本	日本海事協会（Nippon Kaiji Kyokai）	1899 年
アメリカ	American Bereau of Shipping（アメリカ船級協会）	1862 年
フランス	Bereau Veritas（フランス船級協会）	1828 年
中国	中国船級協会（China Classification Society）	1956 年
韓国	Korean Register of Shipping（韓国船級協会）	1960 年
ノルウェー / ドイツ	DNV GL（ディーエヌブイ・ジーエル）	1864 年
イギリス	Lloyd's Register of Shipping（ロイド船級協会）	1760 年
イタリア	Registro Italiano Navale（イタリア船級協会）	1861 年
ロシア	Russian Maritime Register of Shipping（ロシア船級協会）	1913 年
インド	Indian Register of Shipping（インド船級協会）	1975 年

注：DNV GL は，ノルウェーの船級協会 DNV と，ドイツの船級協会 GL が合併した船級協会で，本社はノルウェーにあります。

　日本の造船所では，世界各国の船級の船を建造しているため，世界の船級協会の支部が日本国内にいくつもあり，各造船所に出向いて検査をしています。

　日本籍船については，旅客船は政府自らが検査をしますが，貨物船については船級協会の検査で合格したものとみなされます。

コラム㉙　船級協会の発祥

　まだ帆船が全盛時代に，ロンドンのロイド・コーヒーハウスに荷主，海運業者，保険業者などの船に係わる人々が集まって，運航船の状況に関する情報交換をしていたといいます。そして，その顧客の中から，保険の対象となる船と装備品の検査をして，格付けするための組織の必要性が叫ばれ，ロイド船級協会を 1760 年に設立しました。同協会は 1764 年には船名録を発行し，1834 年には最初の船級規則を発行しました。これが船級協会の発祥とされています。

12.3　船舶に関する国内法

　船舶に関する国内の法律としては，まず明治 29 年に船舶検査法が制定されました。さらに，昭和 8 年にはそれに代わるものとして船舶安全法が制定されました。この法律は国際規則としての SOLAS および LL 条約の批准に伴い，国内法として整備したもので，船舶の堪航性，すなわち，実際の海を安全に航海できる性能を保持し，人命の安全性を確保することを目的としています。この目的達成のために，船舶の構造・設備の要件を定めるとともに，船舶所有者に船舶検査の受検を義務付けています。船舶検査は，監督官庁（地方運輸局など）が，定期検査，中間検査，臨時航行検査などを実施することとなっており，国土交通大臣登録した船級協会（2014 年現在，NK の他アメリカ船級協会，ロイド船級協会，DNV GL）でも代行が可能になっています。

　この船舶安全法以外に，船員法，船舶職員及び小型船舶操縦者法，海上衝突予防法，海上交通安全法（輻輳域での航法など）などがあり，船舶の安全な運航を目指しています。

12.4　重大海難の歴史

　たくさんの人が死亡したり，被害が大きい船の事故を重大海難といいます。代表的な重大海難として以下のものがあります。（　）内は死者数。

- 1912 年　客船「タイタニック」が氷山と衝突・沈没　（1,512）
- 1934 年　客船「モロ・キャッスル」の火災　（137）
- 1954 年　青函連絡船「洞爺丸」が台風で転覆　（1,155）
- 1955 年　宇高連絡船「紫雲丸」が衝突・転覆　（168）
- 1956 年　客船「アンドレア・ドリア」の衝突・転覆　（47）
- 1987 年　フィリピン客船「ドニャ・パス」が衝突・沈没　（1,587）
- 1989 年　タンカー「エクソン・バルディス」の座礁，大量の油流出
- 1994 年　フェリー「エストニア」の荒天時浸水・転覆　（852）
- 1997 年　ロシアタンカー「ナホトカ」が日本海で折損・沈没，重油流出
- 2012 年　クルーズ客船「コスタ・コンコルディア」の座礁・転覆　（32）
- 2014 年　韓国フェリー「セウォール」の転舵転覆・沈没　（304）

　こうした重大海難の発生のたびに，その原因が究明され，安全規則は進化しています。

　例えば，「タイタニック」の海難を契機に船内水密区画に関する国際規則が作成されましたし，洞爺丸の海難は荒天時の安全性を担保する非損傷時の復原性規則制定に大きな影響を及ぼしました。イタリア客船「アンドレア・ドリア」の衝突・転覆事故は，左右の水密区画の配置による衝突時横転の危険性を明示しましたし，大型タンカー「エクソン・バルディス」のアラスカでの座礁事故は深刻な海岸線の汚染を与え，タンカーのダブルハル化の流れを加速しました。また，バルト海でのクルーズフェリー「エストニア」の転覆事故が，RoRo 型船における車両甲板浸水に伴う復原力の消失の危険性を明らかにしました。

　このように，重大海難が起こってから，その対策として規則の修正または新規則の制定が行われてきましたが，最近は，事前に危険性を予測して規則を考える方向に IMO の規則作成方針が変わりつつあります。

　また規則の機能要件化の流れも出てきています。すなわち，旧来の数値規制から，機能要件での規制へと変化しているのです。機能要件化とは，満足すべき性能を決め，それを実現するための要件を設定する方法です。

　さらにゴールベース基準へと時代が動いています。これは，目標となるゴールを決め，それを達成するための性能要件を決め，関連事項に関する非強制のガイドラインで補完するというものです。

12.5　ヒューマンエラーと海難

　海難の 84％ はヒューマンエラーが原因だといわれています。ヒューマンエラーとは，人間のミスという意味です。具体的には，海難の 26％ が見張り不十分，9％ が航法不遵守，同じく 9％ が整備不良，8％ が指揮の不適切，5％ が居眠りが原因とされています。

　こうしたヒューマンエラーを減らすには，ハインリッヒの法則に基づいた対策が効果的だといわれています。ハインリッヒの法則とは，1 件の重大災害の陰には 29 件の軽度災害，さらに 300 件の事故には至らなかったものの事故になったかもしれない未然事故が隠れているというものです。すなわち，

　　　重大災害：軽度災害：未然事故 ＝ 1：29：300

ということです。この未然事故は，ニアミスとかヒヤリハット体験と呼ばれています。重大災害の陰には 300 倍のヒヤリハット体験があるということなので，このヒヤリハットの原因を明らかにして対策をとれば，重大災害は減らせるということになります。

　ヒヤリハットの経験を隠さずに申告してもらい，その対策を常にしておくことこそが，ヒューマンエラーを減らすことになるのです。さらに，ヒヤリハットの事例をビッグデータ技術を活用して自動的に収集して，その対策を迅速に立てるという試みもされています。

12.6　安全工学

　船の安全を担保するうえで安全工学の活用が役に立ちます。安全工学には4つの原則があります。すなわち，①人災は予防可能，②事故の結果としての損失の大小・種類は確率的，③事故発生とその原因には必然的な因果関係がある，④災害には3つ要因があり，それぞれの対策が必要となる，というものです。④の3つの要因とは，技術的要因，人間的要因，管理的要因で，1つ目の技術的要因は技術的安全策をとることで解決でき，人間的要因は組織的な安全教育をすることが肝要となり，管理的要因は各種法律規制，規格，安全指針，作業基準を定めることが必要となります。

　災害の発生では，重大災害に至るまでには種々の負の要因の連鎖があることが知られており，ドミノ理論と呼ばれています。このため，途中の要因の1つを防げれば，重大災害には至らないのです。

　重大海難はめったに起こりませんが，絶対起こらないとはいえないことも真実であり，その起こる確率は安全工学の知識を活用すれば下げることができるのです。

コラム㉚　自動車事故の低減

　道路の安全性を高めるためにビッグデータの利用が進んでいます。自動車に取り付けられた発信機によって急ブレーキがよく踏まれる場所を見つけ，その場所の信号機の位置を変えただけで事故率が低減したといいます。ヒヤリハットの事例を自動的に収集して，ヒヤリハットの要因を取り除くことで安全性の向上に寄与できた事例です。

12.7　海賊問題

　海賊の問題も，海運の安全性にとって重要です。海賊は現在もおり，2014年で245件の海賊事案が報告され，水域としては，東南アジアで141件と多発

しています。インドネシア，マレーシア，バングラデシュ，フィリピン南部などで起こっています。

　中東のスエズ運河を通過する船舶にとっては，紅海の出入口のアデン・ソマリア沖での海賊が大きな問題となっていましたが，海陸の連合軍，民間武装ガードの起用，沿岸国の沿岸警備隊による警備強化などによって減少傾向にあります。全世界の海賊被害は，2009 ～ 2011 年には 400 件を超えていましたが，2014 年には約 40％減少しています。

図 12-6　世界では，未だ，海賊被害がなくなりません。アデン・ソマリア沖，マラッカ・シンガポール海峡，フィリピン南部などで海賊被害が報告されています。

図 12-7　小型ボートで近づいてくる海賊が船上に上がれないように，船上から自動放水しながらマラッカ海峡を通航する大型タンカーの姿です。

図 12-8　今治造船が開発した，流線型で風圧抵抗を減らし，かつ海賊が侵入できない居住区「エアロ・シタデル」です。

コラム 31　海賊のイメージ

　海賊といえば，髑髏のマークの旗を掲げた帆船が襲いかかるというイメージですが，現代の海賊は高速船に乗り，ロケットランチャーや機関銃で武装して船を襲います。船内の金品を強奪するだけでなく，船ごと奪い取るという事件もありました。

≪課題≫

12-1　船の安全性のための国際規則はどこで作成されますか。

12-2　なぜ国際規則が必要なのですか。

12-3　国際規則を守らせるためにどのようにしているのですか。

12-4　船級協会の役割を説明してください。

12-5　日本の船級協会の名前を挙げてください。

12-6　ロイド船級協会が設立された経緯を説明してください。

12-7　ヒューマンエラーとは何ですか。

12-8　ヒューマンエラーに基づく海難は何パーセントくらいありますか。

12-9　ハインリッヒの法則を説明してください。

12-10　ヒヤリハットとは何ですか。

12-11　ヒヤリハットをどのように海難防止につなげることができますか。

12-12　安全工学の4つの原則を挙げてください。

12-13　海賊の被害が発生している水域を3つ挙げてください。

第13章 造船業

13.1 船を建造，修理する造船業

　世界の造船業の産業規模は約 10 兆円で，好不況によって変動はしますが，世界経済の成長とともに成長を続ける海運業界とともに成長しています。

　造船業の特徴は，船価が国際マーケットで決まり，どこの国で造った船でも国際規則に基づいているため，世界中のどこででも使えるので，世界規模での競争にさらされていることです。すなわち，性能のよい船を，どれだけ安く建造できるかでその競争力が決まります。

　また，基本的にオーダーメードの一品商品を造っていることも大きな特徴といえます。ただし，同型船の一括発注や，造船所が開発した標準船仕様の船もあります。

　造船業は総合工業で，鉄鋼などの素材産業，エンジンなどの機械産業，内装材料，施工，厨房設備など，きわめて広い裾野産業が必要となります。造船業は，最終的な組立産業で，部品数は 20 万重量トン級の貨物船で 20 万点を超えます。

　現状では中国，韓国，日本の東アジアの 3 国で，世界の建造量の 90 % を占めています（総トン数ベース）。

13.2 新造船船腹量の推移

　日本造船工業会がまとめた世界の新造船の建造量の推移を図 13-1 に示します。1970 年代のオイルショックを境に新造船量は大幅に減少しましたが，1990 年代に入って世界経済の成長，特に発展途上国の経済発展に伴って急速

に増加しました。特に韓国の増加が大きいことが分かります。韓国では，現代重工，三星重工，大宇造船といった財閥系造船企業が造船能力を急拡大し，2000年代には，世界最大の造船能力を誇っていた日本の造船業の建造量を抜きました。また，2000年代に入ると中国の経済成長が著しくなり，中国の造船能力も急拡大し，2010年代には韓国を抜いて世界一の建造量となりました。しかし，2011年をピークとして世界の建造量は急減します。これはリーマンショックによる世界経済の変調や，中国経済の成長鈍化に伴う海上荷動きの急減によるといわれています。

　1970年代には，日本とともに世界の新造船建造を担っていた欧州の造船業は，年を追って建造量が減少しています。これは，バルクキャリアやタンカーなどの一般商船建造からは撤退し，クルーズ客船，クルーズフェリー，旅客カーフェリー，調査船，海洋開発用作業船などの高付加価値船の建造にシフトしたためで，新造船建造収入で比べると東アジアの造船3ヶ国と未だに肩を並べています。

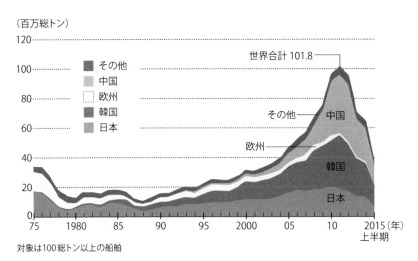

図13-1　国別の造船量の推移（社団法人 日本造船工業会の資料を基に作成）。1970年代のオイルショック時に急減しましたが，1990年代から徐々に増加基調となり，発展途上国の経済成長に伴って急増して2011年にピークとなり，その後急減しています。

13.3　どのような船が造られているのか

　世界で建造されている商船の船種の変遷を図 13-2 に示します。年度によって変動はありますが，2010 年代からは，ばら積み船（バルカー）の建造量が 40% を超えています。これは発展途上国の経済発展に伴って原材料や食料の海上輸送ニーズが高まったことによるものです。コンテナ船の建造量がそれに続いています。これも，中国をはじめとする人件費の安い新興国が世界の製造工場となって，製造された製品がコンテナ船で世界各地に輸送されるようになったためです。

　2000 年代には 30% 以上を占めていたタンカーは，最近は 10% 前後にまで低下しています。しかし，原油をはじめとするエネルギー資源の価格が下落して，原油や LNG の輸送が増加しつつあり，今後はタンカー，LNG 船の建造が増えるとみられています。

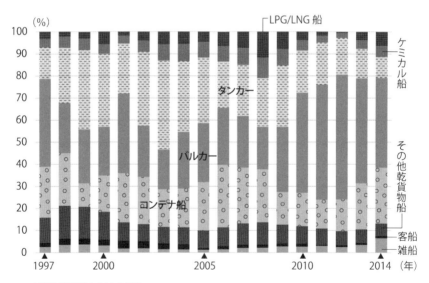

対象は100総トン以上の船舶

図 13-2　船舶建造量の船種別の推移（社団法人 日本造船工業会の資料を基に作成）。
　　　　 2010 年以降，バルカー（ばら積み船）が最も多く，コンテナ船，タンカー
　　　　 がそれに続いています。

13.4 日本の造船企業ランキング

2014 年の日本の造船企業の建造量ランキングを表 13-1 に示します。かつて大手造船所と呼ばれていた会社（三菱重工業，川崎重工業，三井造船，日立造船，日本鋼管，石川島播磨重工業（現 IHI））が総合重工化をして，造船部門が相対的に縮小したのに対し，造船に特化したオーナー企業である今治造船，名村造船，大島造船，常石造船などが建造能力を拡大しているのが大きな特徴です。また，大手の日立造船，日本鋼管，IHI の造船部門が合併したジャパン マリンユナイテッド（JMU）が，今治造船に次ぐ造船能力をもつようになりました。

表 13-1　日本の造船企業の建造量ランキング（2015 年）

1 位	今治造船グループ	（世界 6 位）2,998,370 トン
2 位	JMU（日立造船＋日本鋼管＋IHI）	（世界 8 位）2,616,466 トン
3 位	名村造船グループ	1,510,305 トン
4 位	大島造船（元大阪造船）	1,295,272 トン
5 位	常石造船	731,264 トン
6 位	新来島造船グループ	692,351 トン
7 位	三井造船	635,844 トン
8 位	川崎重工業	562,449 トン
9 位	三菱重工業	459,763 トン

13.5 日本の造船業の売上の推移

日本の造船業の年間売上高は，日本造船工業会会員会社の総計によると，2014 年時点で約 1.6 兆円です。最も多かったのは 2009 年の約 2.7 兆円でしたが，中国経済の減速などの影響もあって海運市況が悪化して，現在の売上高にまで急落しています。この 40 年間において最低だったのは 1988 年の 6,600 億円でしたので，造船業がいかにマーケットに翻弄されるかが理解できます。新造船に比べて，改造・修繕での売り上げは 5 〜 10% 前後となっています。

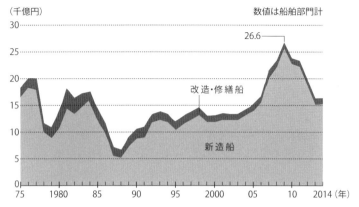

図 13-3　日本の造船業における売上高の推移（社団法人 日本造船工業会の資料を基に作成）

13.6　造船業で働く人々

　造船業で働く人の数は，日本造船工業会の調べによると，2015 年現在，約46,000 人で，1 人当たりの売上額は約 3,500 万円となっています。かつては労働集約型産業と呼ばれ，たくさんの職人の手で船は建造されていましたが，鋼材の切断や溶接作業ではロボット化が進み，かなり少ない人数で船が建造できるようになってきています。

　造船所は，設計部門と現場部門に大きく分かれています。設計部門は，英語ではデザイン・セクションといい，さらに基本設計と詳細設計とに分かれています。

　建造現場は，船体を造る船殻^{せんこく}部門，船内諸設備を整える艤装部門などに分かれています。建造量が市況によって大きく変動するために，特に現場の技能職については各造船会社の社員（本工）だけでなく，協力工と呼ばれる社外からの派遣社員が多く働いています。

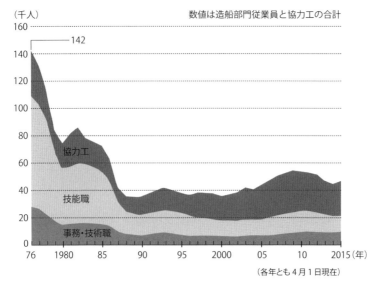

図 13-4　造船業で働く労働者数の推移です（社団法人 日本造船工業会の資料を基に
　　　　作成）。造船業の生産性向上に伴って造船所で働く労働者の数は減少してい
　　　　ます。労働集約型産業から脱皮した産業に変化しているのです。

13.7　造船所の仕事の流れ

造船所の仕事の流れは，概略次のようになっています。

①標準船の開発（マーケティング，商品開発）

　発注ごとに船舶は設計されますが，たくさん建造されるバルクキャリアな
どでは標準船型を開発して船主からの受注をとることも多くなっています。
歴史的には，戦時中に大量の輸送船が必要となって戦時標準船が建造され
ました。第2次大戦後に，経済成長が進む中で標準船の開発が各造船所で
進みました。100隻以上建造されるヒット商品もあります。

②船主，海運会社からの引き合い

　船主，海運会社は必要とする船の仕様を決めて，それを造船所に提示しま
す。造船所では，まず船舶の建造のための船台やドックが希望する納期に
合うように空いているかが重要です。造船所は，一般的には手持ち工事量

を 3 ～ 4 年かかえているので，納期はその後になります。

③基本設計（Initial Design）

仕様書に基づいて，船の性能を検討し，建造価格の見積もりをします。

④見積もりの提示

船主，海運会社に見積額の提示をします。

⑤船主の発注，契約（船価の 1/3 支払い）

船主は，見積額が妥当と判断すると発注の契約をします。この時に船価の 1/3 を造船所に支払います。

⑥詳細設計（Design）

造船所は，建造のための詳細な設計図面の作成を行います。船の性能だけでなく，強度についても詳細な検討を行って，図面を仕上げます。今では，コンピューターを使った 3 次元の設計図にして，不具合がないかどうかのチェックもできます。

⑦資材発注

建造工程の進捗に合わせて資材が的確に納入されるように発注をします。

⑧鋼材入荷，加工工事

船体を造る鋼板などが製鉄会社から納入されます。それを図面通りの大きさにカットして，さらに骨部材を取り付けるといった加工をします。

⑨ブロック製作（ブロック建造法）

加工した部材をさらに大きな塊（ブロック）に組み上げます。最終的に，ブロックを船台またはドックに運び，それをつなげて船を造ります。ブロックの大きさは，船台やドックに設置されているクレーンの能力によって違います。2 機のクレーンで一緒に吊り上げて船台などに搭載することもあります。

⑩艤装品入荷，先行艤装

船内にはさまざまな機器や施設があり，これらを設置して所定の機能が発揮できるようにすることを艤装工事といいます。一般的には，進水してから艤装岸壁につないで行いますが，ブロック製造時に取り付けることができるパイプなどの艤装品は陸上で製作するブロックの中に設置します。これを先行艤装といいます。

⑪起工，ブロック搭載（船価の 1/3 支払い）

船台やドックに最初のブロックが搭載されるのが起工式で，この時に船価の 1/3 が支払われます。この後，次々にブロックが搭載されて船の形が出来上がっていきます。かつては，船台やドックの中で材料を組み立てて船を造っていたので，1 隻の船が出来上がるまで船台やドックを占有していました。しかしブロックが工場内や場合によっては他の場所で造られて，最後に船台などに搭載されるようになったため，船台上でのブロック接合から進水するまでの期間は 1 ヶ月程度にまで短縮されています。

⑫進水

陸上で建造された船体を海上に浮かべるのが進水作業です。船台建造では，船の重力で滑らせて海上に降ろしますが，ドック建造の場合には外の海水をドック内に注入して，船を浮かべます。

⑬岸壁での艤装工事

進水後，造船所内の艤装岸壁につないで，船内の諸設備を設置して，使えるようにします。艤装工事は，船殻艤装，機関艤装，電気艤装に分かれます。

⑭海上試運転

艤装工事を終えた船は，まず岸壁で各種の検査が行われます。すべての機能に問題がなければ，いよいよ船は岸壁を離れて，洋上での試運転を行います。試運転のクライマックスは，速力試験です。一定の距離を全速力で走って，その時の速力を測ります。かつては，陸上にマイルポストと呼ばれる柱が設置され，2 つのポスト間を走る時間を測って速力を出していましたが，今では GPS での計測が一般的になっています。この時の速力が試運転最大速力と呼ばれ，エンジンをフル回転して全力で走る船の一生涯において最も速い記録となります。建造契約書にはこの速力が指定されるのが普通で，それを 0.1 ノットでも切ると，ペナルティと呼ばれる賠償金を要求されることもあります。試運転は，通常 3 ～ 5 日間かけて，船のすべての機能が正常かどうかをチェックします。操縦性能を調べる旋回試験や Z 試験，緊急停止試験，アンカーの投錨や引き上げ，各所の振動など，計測項目は多岐にわたります。

⑮引き渡し（船価の 1/3 支払い）

　海上試運転が無事終了すると，船は船主に引き渡されます。そして，造船所の艤装岸壁を離れて，いよいよ実際の仕事につきます。

図 13-5　日本で最も建造量の多い今治造船の主力工場である丸亀事業所
　　　　（写真提供：今治造船）

コラム32　GPS とは

　GPS は，Global Positioning System の略で，人工衛星で地上の位置を特定するシステムです。車のカーナビは，このシステムで車の位置を正確に割り出して，車を誘導しています。最近はスマートフォンでも，GPS によって持ち主の現在地を特定することができます。位置が特定できると，移動距離を時間で割って，速度を出すことができます。

　元々は，米軍が軍事用に開発したシステムで，民間が使えるようにした時には，わざと精度を落としたといいますが，今ではかなり正確に位置が分かるようになっています。

13.8 船は進化している

　丸木船，人力船，帆船，蒸気船，蒸気タービン船，ディーゼル船と，船は進化をしてきました。現在，船舶用に使われているディーゼル機関は，熱効率が50％を超える非常に効率のよいエンジンとなっています。

　1970年代のオイルショック後，船の省エネ化は急速に進み，船の燃費は50％も改善されました。そして，地球環境の保全が重要な時代の到来により，2000年代になって，さらに燃費を半減させる技術的開発が，各造船所において，以下のような技術分野で，たゆまなく続けられています。

13.8.1　抵抗の低減技術（造波抵抗，摩擦抵抗，粘性圧力抵抗の低減）

　船に働く抵抗は，水面に波を造ることによる造波抵抗，水が船体表面を擦ることによる摩擦抵抗，渦を造ることによる粘性圧力抵抗（造渦抵抗）に分けられます。

　造波抵抗は，船体を痩せさせたり，船首を球状のバルバスバウにして波の干渉を利用して波を小さくしたりして低減させることができます。スピードが増加するほど，この抵抗は急増するので，特に高速船では注意が必要となります。

　摩擦抵抗は水面下の船体の表面積（浸水表面積）にほぼ比例します。したがって，内部の体積に比べて表面積が小さい，つまり断面が円に近い船型が最も摩擦抵抗が小さくなります。低速の船では，この摩擦抵抗が抵抗の大部分を占めます。

　粘性圧力抵抗は，太った船型で，船尾方向に断面を急激に絞ったところで，船体表面近くに形成される境界層が急速に厚みを増して，時には流れの剥離が生じると急増します。したがって，タンカーやばら積み船のように太った船では，粘性圧力抵抗があまり増えないように船尾形状を慎重に設計することが必要です。

13.8.2　推進効率向上

　船は，船尾につけたスクリュープロペラで船尾方向に流れを起こしてその反力で推進するのが一般的です。このスクリュープロペラは，できるだけ大直径

のものを，できるだけゆっくり回すと効率がよくなります。大型船のプロペラ直径は 4 〜 5 m もありますが，それを毎分 80 〜 120 回転でゆっくりと回して推進力を発生させます。

　また，プロペラを回転させると，船の推進力には寄与しない回転流が発生します。これを消すために 2 枚のプロペラを前後に配置して，逆回転させることによって，無駄な回転流をなくすのが 2 重反転プロペラです。

　さらにプロペラ付近に各種の付加物を取り付けて，プロペラ効率を向上させる手法が，たくさん開発されています。

13.8.3　積付効率向上

　船内の積付率を向上させて，できるだけたくさんの荷物を積めば，荷物の単位当たりの輸送コストが削減できます。例えば最近のコンテナ船では，デッキ上にも大量のコンテナを山のよう積んでいます。ただし，ブリッジからの前方視界が確保されているか，また重心が上がりすぎて復原力が不足していないかなどの注意が必要となります。1 万個以上のコンテナを運ぶ巨大コンテナ船では，ブリッジを含む居住区構造を機関部と切り離して，船体中央より前方に配置したツーアイランダー型（2 島型）と呼ばれる船型が一般的です。

13.8.4　バラスト水の削減

　原油タンカーや鉄鉱石運搬船，PCC などでは，片道しか貨物を積まない場合も多くあります。貨物を積んでいない空船状態では船体が大きく浮き上がり，スクリュープロペラが空中に出たり，喫水が浅すぎて船首を波にたたかれて衝撃的な力が船体に働くスラミングが起こったりします。これを防ぐために大量のバラスト水を積載しますが，何十万トンもの無駄な貨物を輸送することとなり，燃料消費が増大します。さらに積んだバラスト水を到着港で排水することによる生態系への影響などの問題が起こっています。そこで，このバラスト水の浄化装置の開発や，バラスト水自体を減らしたり，まったく無くした船の開発が行われています。

図 13-6　左のタンカーは油を満載した状態，右のタンカーは油を降ろしてバラスト
　　　　水を積んだ状態です。

コラム㉝　バラスト水管理条約

　2017 年に IMO のバラスト水に関する条約が発効して，船舶はバラスト水を
浄化したうえで排出しなくてはならなくなりました。貨物を降ろして軽くなっ
た船体を必要なだけ沈めるためにバラスト水を積載しますが，この時に各種の
生物が含まれていて，排出するとその地域の外来種として繁殖することがある
のを防ぐためです。

13.8.5　自然エネルギーの利用

　船は苛酷な大自然の中で運航されるので，その自然のエネルギーを上手に活
用することが大事です。常に一定方向に流れている海流にのって航海したり，
荒れる海を上手に避けて航海したりしても船の省エネにつながります。現在は，
気象予報などの情報を使って，効率よく航海する手法が積極的に取り入れられ
ていて，ウェザールーティングと呼ばれています。

　風のエネルギーを利用して，船の省エネにつなげるアイデアもたくさん出さ
れています。ウィンドチャレンジャー計画のように風のエネルギーだけで運航
するアイデアもありますが，風のエネルギーで波浪中の船速低下を補って航海
速力を保つセールアシスト船などが現実的とみられています。

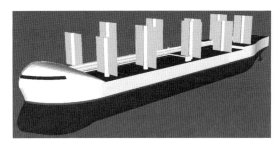

図 13-7　著者らが大阪府立大学で開発したセールアシスト・ノンバラストタンカー。
　　　　波浪中での船速低下分を風の力で補って航海速力を維持するシステムです。

　太陽エネルギーの活用としては，船体のデッキ上に太陽電池のパネルを張る
船も出現していますが，発生するエネルギーは小さく，船内照明などの電力の
一部を賄うに留まっています。

13.9　最近の革新的船舶・船舶技術

　最近，開発された革新的な船舶および船舶技術を見てみましょう。

- 超大型クルーズ客船　　　：22 万総トン，6,000 人定員，建造費 1,300 億円
- 超大型コンテナ船　　　　：20,000 個のコンテナを運ぶ船
- 超大型鉄鉱石運搬船　　　：40 万トンの鉄鉱石を運ぶばら積み船
- 超高速カーフェリー　　　：1 万総トンの大きさで，旅客と車を 50 ノッ
　　　　　　　　　　　　　　　トで運ぶ船
- 各種海洋調査船　　　　　：深海掘削船や 3 次元海底資源探査船（L/B
　　　　　　　　　　　　　　　$= 1.31$，16.5 ノット）
- 各種海洋開発用サプライ船：洋上で海底油田の開発に携わる海洋構造物
　　　　　　　　　　　　　　　に，資材や生活用品を運ぶ船

さらに注目されている船舶技術としては，次のようなものがあります。

13.9.1　ポッド型電気推進器

　繭型の水密ケース（ポッド）内に入れた電気モーターでスクリュープロペラを回す推進器で，船底に吊り下げるように配置します。ポッド全体が水平に360°回転するので舵の役割も果たすことができます。大型のディーゼル機関がなく，複数の発電機で電力を発生させるため，その発電機の船内配置の自由度が増して機関室が小さくでき，船内の積載効率の向上も可能となります。

図 13-8　船尾船底に取り付けられたポッド型電気推進器。繭型のポッド内に交流モーターが設置され，全体が 360°回転して，どの方向にも推進力が出せます。右の写真は船内のポッド回転装置です。（左の写真提供：RCI）

13.9.2　LNG 燃料エンジン

　LNG（液化天然ガス）を燃料としたエンジンでは，船から排出される SOx（硫黄酸化物）を 100%，NOx（窒素酸化物）を 80%，黒煙を 100% 減らすことができ，船の周辺の環境汚染を軽減することができます。また，地球温暖化に影響があるといわれている CO_2 も 20% も削減されます。さらに，有限と考えられていた化石燃料がシェール層内に大量に蓄積されていることが明らかになって，実質的にはほぼ無限に使える可能性も見えてきて，天然ガスの価格は今後も上がりにくくなったため，海運業のコスト削減に大きな貢献をすると考えられます。

図 13-9　バルト海横断クルーズフェリー「バイキンググレース」（57,000 総トン）は，LNG 燃料エンジンを搭載しています。船尾の甲板に LNG タンクを 2 基装備しています（写真右）。

13.9.3　空気潤滑法

　船舶に働く摩擦抵抗は，水面下の船体表面積にほぼ比例するため，なかなか低減させることが難しかったのですが，船底を空気で覆って船体表面と水を接しさせないようにして摩擦抵抗を減らす方法が開発されています。高速船では船底を薄い空気層で覆うエア・キャビティ法，大型船では空気の小さな気泡を連続的に注入するマイクロ・エアバブル法が実用化され，10％前後の摩擦抵抗の低減が実現しています。また，大阪府立大学などでは船底に空気を溜める凹みを設けて，船底を通過する水で空気を循環させて摩擦を低減する船底空気循環槽（ACT：Air Circulating Tank）を開発して，模型実験で 30％近い摩擦抵抗の低減に成功しています。

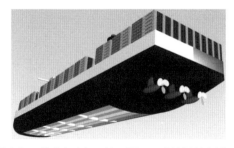

図 13-10　船底から空気を泡状にして噴出して船底を空気の泡で覆って摩擦抵抗を減らす空気潤滑法（左：三菱重工業）と，船底に空気溜まりを造って摩擦抵抗を減らす船底空気循環槽（右：大阪府立大学）。

13.9.4　自動運航システム

　船舶に自動運航機能をもたせるシステムで，自動で座礁や衝突を防ぎます。将来的には，無人運航船が登場するかもしれませんが，有人船であってもこのシステムによりヒューマンエラーによる事故が大幅に低減されることが期待されています。

13.10　船の検査と修理

　船舶の検査および修理は，車の車検と同様に法律で義務付けられているため定期的に行う必要があり，これも造船所の仕事です。客船は毎年，貨物船では5年おきに検査を受け，問題のあるところを修理します。同時に，水面下の船体も含めて，汚れや錆を落とし，塗装が行われます。

　検査，修理には，乾ドックまたは浮きドックが使われます。浮きドックとは，海水を入れて浮き沈みのできる台船で，浮きドックを沈めて検査，修理をする船を引き入れ，海水を抜いて船ごと浮き上がらせて，空中で検査，修理，塗装などを行います。

図 13-11　ドックで定期検査，修理を受ける高速カーフェリーの姿です。

図 13-12　浮きドックで修理されるフェリーです。

13.11　地域産業としての造船業

　かつて造船所は，大きな港町にありましたが，船が大型化するに従い船を建造するには広大な土地が必要となり，地方に大きな土地を確保して近代的な造船所を建設することが多くなりました。

　1950 年代初頭まで，世界の造船量の半分以上を建造していたイギリスの造船所は主に河川にありましたが，戦後の船舶の大型化に伴って，新しい大型の船台やドックを建設した日本の造船業との競争に負けてしまい，1950 年代半ばには日本の造船業が世界の半分以上のシェアを占めるようになりました。

　日本では 1970 年代になると，さらに造船能力を増強するために大型の造船所を地方に建設しました。大手造船所では，100 万載貨重量トンのタンカーまで建造できる 100 万トンドックも建設されました。三菱重工業の香焼造船所，日立造船の有明造船所，石川島播磨重工業の知多工場などです。長さは 800 ～ 1,000 m，幅は 80 ～ 100 m あります。しかし完成直後にオイルショックに続く造船不況に見舞われ，その後，100 万載貨重量トン級のタンカーが建造されることはありませんでしたが，各地方において造船業は主要な地域産業としてしっかりと根付いています。

≪課題≫

13-1　世界の造船産業の産業規模はどのくらいですか。

13-2　20 万重量トンの貨物船建造のための部品数は，自動車の何倍くらいですか。（ヒント：p.112 参照）

13-3　世界の造船建造量が 2011 年にピークとなったのはなぜですか。

13-4　世界の造船建造量が 2011 年のピークから急減したのはなぜですか。

13-5　日本の造船会社の建造量ランキングを 1 番から 5 番まで挙げてください。

13-6　日本の造船業の従業員数が減少した理由は何ですか。

13-7　船の建造費は，いつどのように支払われますか。

13-8　バラスト水とは何ですか。

13-9　バラスト水の排水時の問題点とは何ですか。

第14章 クルーズ客船ビジネス

　クルーズ産業は，2014年の時点で，世界で400隻余りのクルーズ客船が稼働し，年間2,300万人余りの人々が乗船し（この人数をクルーズ人口といいます），13兆円余りの産業規模にまで成長しています。

14.1　定期客船からクルーズ客船へ

　まず，定期客船からクルーズ客船への変化の時代を見てみましょう。定期客船とは，決まった港の間を定期的に運航される，旅客輸送をする客船のことです。大西洋や太平洋を渡る長距離航路には，大型の定期客船がたくさん就航していました。

　しかし1960年代には，大洋を渡る定期客船は，高速の航空機に旅客を奪われて，次々と定期航路から撤退し，その多くがクルーズに転用されたものの，ほとんどの会社が苦しい事業経営を迫られました。例えば，定期客船時代の終焉期である1969年に完成した最後の新造定期客船といわれた「クイーンエリザベス2」も，その例外ではありませんでした。同船は建造中にクルーズ仕様に変更されて完成し，大西洋横断クルーズの他，ワールドワイドのクルーズに就航しましたが，イギリスの老舗海運会社キュナード社の伝統的な船旅の事業モデルではクルーズの世界では成功できませんでした。そして，キュナード社は，最終的には，現代クルーズ事業（後述）として成功した新興クルーズ企業であるカーニバル・グループの傘下に入って生き延びています。

　このことは，現在，世界的に巨大なレジャー産業となっている「クルーズ」は，それまでの定期客船の流れを引き継いだ伝統的クルーズとは性格の異なる「新しい客船のビジネスモデル」であること示唆しています。

図 14-1　1960 年代末に建造中に定期客船からクルーズ客船に仕様変更されて完成した「クイーンエリザベス 2」は，伝統的なスタイルのクルーズを展開しましたが，クルーズの新しい世界ではなかなか成功できませんでした。

14.2　新しいビジネスモデルの誕生

　定期客船事業が急速に没落した 1960 年代末から 1970 年代初頭の客船の暗黒時代の中，カリブ海で新しいクルーズが芽吹き始めていました。それは 15,000 〜 20,000 総トンの客船を使い，フロリダ半島の一大リゾート地であるマイアミの港を起点とした短期のカリブ海クルーズでした。最初は，地元のマーケットを中心としていましたが，やがて飛行機とタイアップし，北米全土から旅客をマイアミに運び，そこからカリブ海のクルーズを楽しんでもらうという新しいビジネスモデルを確立していきました。これが，いわゆる「フライ＆クルーズ」です。飛行機との競争に敗れた定期客船会社では，なかなか発想できない新しいビジネスモデルでした。この新しいクルーズは「現代クルーズ」と呼ばれていて，それまでの伝統的なクルーズとは完全に違ったビジネスモデルに分類されます。

14.3　現代クルーズのパイオニア

　この現代クルーズのパイオニアは，ノルウェージャン・カリビアン・ライン（以下 NCL と表記。現ノルウェージャン・クルーズ・ライン（略称は同

じ NCL））です。元々は，マイアミ起点の客船事業を営んでいたアリソン氏が，ノルウェーの海運企業経営者のクロスター氏と手を結んで設立した新しいクルーズ会社で，欧州で使用されていた旅客カーフェリー「サンワード」によるクルーズを 1966 年から始めました。このクルーズの成功を受けて，15,000 総トン級のクルーズ客船を一挙に 4 隻造船所に発注して，そのうち 3 隻を 1969 年から次々にカリブ海クルーズに投入しました。ただし，第 4 船については，さすがに事業の急拡大に躊躇して，当時アラスカクルーズに進出した P&O 社に売却しています。第 1 船の「スターワード」は，200 台の乗用車を積載する車両甲板を船内にもっていました。これは，クルーズ船に乗るために車で港にやってきたマイアミ周辺の乗客が，港に車を放置することを嫌がったため，ガレージ代わりにするためのものでした。しかし，やがて港の駐車場が整備されて，この車両甲板は姿を消しました。

　さて，この NCL の事例に見られるような「3 隻の同型船の運航」が，実は，フライ＆クルーズとともに，現代クルーズ成功のキーポイントでした。大量の乗客を扱うことによって，旅客 1 人当たりのコストを削減して料金を低廉化させ，クルーズをだれでも気軽に乗船できる一般大衆のレジャーへと変身させたのでした。それまでのクルーズは，かつての大型定期客船の 1 等の豪華な雰囲気を継承したもので，時間に余裕のある富裕層の道楽旅行とみられ，特に長期のクルーズは「動く高級養老院」と，若干のやっかみを背景にして揶揄的に呼ばれていました。この高級な旅を，一般庶民にも十分に手の届くレジャーにしたのが，複数客船の効率的な運航でした。さらに北米全土から航空機によってマイアミへ飛んでクルーズ船に乗ることが，旅行期間の短縮化となり，仕事をもつ現役の人でもクルーズを楽しむことが可能となりました。

14.4　よきライバルによる相乗効果

　現代クルーズのパイオニアである NCL に続いて，北欧船主が中心になって設立したロイヤル・カリビアン・クルーズ・ライン（以下 RCCL と表記。現ロイヤル・カリビアン・インターナショナル（RCI））が，やはり 3 隻のクルーズ客船を建造して，ほぼ同じスタイルのクルーズを，マイアミを起点にして始

めました。第1船の「ソング・オブ・ノルウェー」は，フィンランドのバルチラ造船所で建造されましたが，鋭く突出した船首，煙突の中腹に設けられた展望ラウンジ，最上デッキに広がるプールを中心とした広いサンデッキなど，それまでの客船にはない斬新なデザインで人々を驚かせました。

　さらに，1970年代になって，NCLの創業者の1人であったアリソン氏が，クロスター氏との意見の対立からスピンアウトし，カーニバル・クルーズ・ライン（以下CCLと表記）を設立しました。資金のなかったアリソン氏は，中古定期客船3隻を購入してクルーズ客船に改装し，同じくマイアミ起点の定期クルーズに投入しました。

　この3社の共通点は，いずれもマイアミ港を起点とする定点定期クルーズを行い，飛行機とタイアップしたフライ&クルーズを中心として販売を行い，複数隻の運航によってコストを削減して，高級なレジャーであるクルーズを，一般庶民をメインターゲットとして，リーズナブルな価格設定で提供したことにありました。しかも，3つのライバルが，ほぼ同時期に同じスタイルのクルーズを実施したことが，よい相乗効果を挙げました。毎週末の金，土，日曜日には毎日，3社のクルーズ客船がマイアミ港から乗客を満載して1週間のカリブ海クルーズへと出港していくスタイルが定着しました。

14.5　専業旅行代理店がマーケットを開拓

　年間を通じて，週末の3日間は毎日，1週間のカリブ海クルーズがマイアミ港から出るようになって，旅行代理店にとっては販売が非常に容易になりました。また，各地からマイアミまでの飛行機便についても，クルーズ会社が手配をして，しかもクルーズ料金に含まれるようになっていたので，旅行代理店は，クルーズ会社に1本の電話連絡をするだけで全ての手配が終了できました。この手配の手軽さが，全米にクルーズ専業の旅行代理店を林立させ，彼らが各地域のマーケットを強力に開拓したといいます。クルーズ会社の首脳に，「最終顧客はもちろん乗客だが，営業上の最重要顧客は旅行代理店だ」といわせるほど，このクルーズという新しいスタイルの旅の内容をよく知り，クルーズに愛着をもつ旅行代理店を大事にしたマーケティングが展開されました。クルーズ

運航各社は，旅行代理店を対象にした船内見学会や体験クルーズ企画に力を入れました。「旅行代理店の教育」こそ，マーケット拡大の最大の武器だったのです。やがて，主要都市の旅行代理店にはクルーズのパンフレットが常時並ぶようになりました。

　カリブ海でのクルーズが活況を呈するようになり，古い船会社の中にもカリブ海クルーズに進出する会社が出てきましたが，そのほとんどは，前述の3つのライバル会社の構築した新しいビジネスモデルには気づかないまま，旧態然としたクルーズ事業を展開して，失敗をして姿を消しています。新しいビジネスの本質を見る目がなかったといわざるを得ません。

14.6　クルーズ客船の大型化

　前述のように，現代クルーズ成功のキーポイントの1つは，リーズナブルプライス，すなわちお買い得価格にありました。これを実現するには，高品質なサービスを維持したうえで，徹底したコスト削減を行う必要があります。振り返ってみれば，同時に3隻のクルーズ客船を投入した会社だけが成功しているのも，一度にたくさんの乗客を扱うことによるマーケティングコスト，食料品などの仕入れコスト，船のメンテナンスコストなどのあらゆるコストを削減できたことによっています。すなわち，現代クルーズのビジネスモデルは，「規模の経済効果」もしくは「スケール・メリット」を活かしたボリュームビジネスであるということです。

　クルーズ会社にとって，競争相手は他のクルーズ会社ではなく，陸上のレジャーであるとの認識のもと，陸上レジャーに負けないコストパフォーマンスを求めて，コスト削減が行われました。その最も有効な対策が，船の大型化による旅客定員の増大にありました。

　1979年，各社に先駆けて NCL は，大西洋横断の定期航路を引退して係船されていた，7万総トンの当時世界最大の客船「フランス」を購入して，クルーズ客船に改造し，「ノルウェー」と改名のうえ，カリブ海の1週間クルーズに投入しました。旅客定員は 2,400 名で，同社のそれまでのクルーズ客船の3倍以上の旅客定員でした。

　これに続いて，1980年代に入ってすぐ，RCCLは37,000総トンの新造船「ソング・オブ・アメリカ」をカリブ海に登場させました。最大旅客定員は1,800名で，同社の従来船に比べて50%余りも多くなっています。サンデッキも各公室も広くなり，高級感は従来船以上となり，かつ旅客1人当たりのコストは大幅に低減したといいます。

　1985年には，CCLが45,000総トン級の「ホリデイ」をはじめとする3隻の新造船を建造して，カリブ海クルーズに投入しました。

　1987年に登場したRCCLの7万総トンの「ソブリン・オブ・ザ・シーズ」は画期的な船でした。5層吹き抜けのロビーや広いサンデッキなどの斬新な内装が人気を呼び，満船状態が続きました。1990年には，CCLが7万総トンの「ファンタジー」を新造し，マイアミ起点の3日間，5日間の短期クルーズに投入しました。これが，7日間クルーズが主であったカリブ海に，さらに短期のクルーズマーケットを爆発的に増やす結果となりました。その後，「ソブリン・オブ・ザ・シーズ」級は4隻，「ファンタジー」級は7隻が連続建造されました。すなわち大型化と同時に，同型船の大量投入が現代クルーズの成功のキーポイントとなりました。

図14-2　カリブ海クルーズの第1世代船と第2世代船。左の「ソング・オブ・ノルウェー」は第1世代で28,000総トン，定員1,000人，右の「ソング・オブ・アメリカ」は第2世代で37,000総トン，定員1,800人です。

　1998 年には，北米西岸でのクルーズを中心としていたプリンセス・クルーズが，11 万総トンの「グランド・プリンセス」を建造し，客船の大きさは 10 万総トンを超えるまでになりました。それまでの船はパナマ運河（旧）を通過できるぎりぎりの大きさの船でしたが，同船はパナマ運河の通過ができないポスト（オーバー）パナマックス船として登場しました。この船の準同型船が全部で 9 隻建造されており，うち「ダイヤモンド・プリンセス」と「サファイア・プリンセス」の 2 隻は三菱重工業の長崎工場で建造されています。

　1999 年，ロイヤル・カリビアン・インターナショナル（以下 RCI と表記。元 RCCL）は 14 万総トンの「ボイジャー・オブ・ザ・シーズ」を建造しました。船の中心に，4 層吹き抜けのセンターアーケードを船首から船尾までとおし，このアーケードに面して配置されたインサイドキャビンには，アーケードを見下ろす窓がつきました。アイススケートリンクやロッククライミング用の壁など，旅客を楽しませるさまざまな施設が設置された船でした。この船のあと，4 隻の姉妹船と，さらに 16 万総トンに拡大した「フリーダム」級の 3 隻が連続建造されています。

　2009 年には，RCI の 22 万総トンの「オアシス・オブ・ザ・シーズ」が登場しました。最大 6,300 人もの乗客を乗せることができ，その姉妹船も 2017 年現在で 3 隻が就航し，さらに 1 隻が建造されることになっています。

図 14-3　7 万総トンの「ソブリン・オブ・ザ・シーズ」。カリブ海に登場した新造の 7 万総トン級クルーズ客船の第 1 船で，その後の大型クルーズ客船の大量建造の火付け役となりました。

14.7 斬新な大型新造船が新しい需要を生む

　新しい斬新な新造船こそが，新しいクルーズ需要を生み出すことが如実に示され，初めてクルーズを体験する人の数が急増し，それまでリピーターに多くを頼ってきたクルーズ産業が，レジャー産業の中での成長分野として存在感を増しました。

　また，船の大型化が，コスト削減という経営的なメリットだけでなく，顧客満足度も高くすることが分かってきました。それは，趣味嗜好の異なる多くの乗客全員を満足させるための多様な機能を，大きな船体であれば盛り込むことができたためでした。いろいろな食事や娯楽を自由に選択できること，すなわち「フリーダム・オブ・チョイス」が現代クルーズの新たな必須要素となりました。

14.8 カリブ海に次ぐクルーズ水域の開拓

　現代クルーズの発祥の地であるカリブ海に次ぐクルーズ水域としては，アラスカクルーズが急速に成長しました。英 P&O 系のプリンセス・クルーズは，アメリカ西海岸のクルーズ運航会社を次第に吸収して一大勢力へと成長していきました。この成長には，クルーズ客船を舞台としたテレビドラマ「ラブボート」が大きな影響を与えたことは有名です。また，かつては大西洋横断航路の定期客船会社であったホランド・アメリカ・ラインも同じアラスカクルーズで健闘をしていました。

　しかし，この両社の経営コンセプトはカリブ海の 3 社とは，共通点はあるものの，かなり違ったものでした。すなわち，いずれも伝統ある定期客船会社の影を引きずっていたのです。そして，まずホランド・アメリカ・ラインが，大衆クルーズの雄となったカーニバル・グループの傘下に入って，その中のプレミアムクラスのマーケットを担うこととなりました。

　一方，プリンセス・クルーズは，1990 年代になってコンセプトを，カリブ海の 3 社と同じ現代クルーズのコンセプトへと大きくシフトさせました。1990 年代には，7 万総トン級船の連続建造に着手し，1998 年には当時世界最大の 11 万総トン級「グランド・プリンセス」を登場させました。この時，既にカ

リブ海では CCL の 10 万総トン級のポストパナマックス型船「カーニバル・ディスティニー」が登場していましたが，アラスカクルーズを主体としていたプリンセス・クルーズが，パナマ運河を通過できない大型クルーズ客船を建造することは，経営コンセプト自体の大きな変更を決断したことを示していました。すなわち，夏はアラスカ，そしてパナマ運河を通過して，冬はカリブ海といった，これまでの配船ができなくなります。

　この「グランド・プリンセス」は，年間を通したカリブ海クルーズに就航した後，夏季には欧州でのクルーズにシフトして，欧州でのクルーズマーケット開拓の牽引者としての役割を果たしました。この成功を受け，プリンセス・クルーズは，太平洋側のアラスカクルーズにも 11 万総トン級船を投入し，アラスカクルーズのできない冬季にはメキシコやアジアでのクルーズを積極的に開拓しました。また，船内には，英国風の伝統ある雰囲気とサービスを残しながらも，食事の選択の自由度を大きく広げるなどの現代クルーズの特性を取り入れることに積極的な姿勢を示して，カーニバル・グループ，ロイヤル・カリビアン・グループに次ぐ第 3 勢力として，現代クルーズ界に確固たる地盤を築いていきました。しかし，カリブ海の 2 強であるカーニバル・グループとロイヤル・カリビアン・グループによるプリンセス・クルーズの争奪戦が起こり，最終的にはカーニバル・グループの傘下に入りました。

図 14-4　11 万総トン級のクルーズ客船「グランド・プリンセス」は，パナマ運河（旧）を通過できないため，冬季はカリブ海，夏季は欧州でのクルーズを行いました。

14.9　アジアの雄から世界に躍進するスタークルーズ

　アジアにおいては，マレーシア資本のスタークルーズが彗星のように出現し，瞬く間に，世界のクルーズ界における3強の一画を占めるまでになりました。

　同社は，1990年代にバルト海の大型クルーズフェリーを購入して，シンガポールおよび香港起点のクルーズを開始しました。経営者が，元々マレーシアで巨大なカジノを経営していたことから，カジノ船とも揶揄されましたが，その運営コンセプトは，カリブ海の現代クルーズのキーポイントを押さえ，さらにバルト海のクルーズフェリーのコンセプトも取り入れたユニークなものでした。特に食事については，伝統ある客船の形式にはこだわらず，好きなレストランで，好きな時に，好きな人たちと一緒にとるという，バルト海のクルーズフェリーのスタイルを導入し，このフリースタイルは急速に他のクルーズ会社にも波及しました。

　スタークルーズは，中古客船の購入を続けてアジアでのクルーズを展開するとともに，新造船の建造にも乗り出し，1990年代末には7万総トン級船2隻を建造し，アジアでのクルーズマーケット，特に華僑をメインターゲットとした戦略を進め，大きく成長しました。同社は，さらに世界のクルーズマーケットへの展開を模索し，カリブ海クルーズのパイオニアでありながら，大型化の

図14-5　マレーシア資本のスタークルーズは，香港，シンガポールなどを発着港とした現代クルーズを展開して，一気にアジアのクルーズ界の雄に躍り出ました。写真はシンガポールのクルーズターミナルに停泊する7万総トン級「スーパースター・ヴァーゴ」。

波に乗り遅れ弱体化していた NCL を買収して，その建て直しを行うとともに，NCL ブランドでハワイでの本格的クルーズにも進出しました。

14.10　欧州のクルーズマーケットの爆発

　長年，マーケットの成長がほとんど見られなかった欧州でも，1990 年代から大きく成長し，2015 年頃にはクルーズ人口が 500 万人に達しました。この急成長の原因は，北米生まれの現代クルーズが欧州に進出したことにあります。

　それまで，欧州では，イギリスのキュナードや P&O，イタリアのコスタなどの老舗会社による伝統的クルーズが細々と続き，またドイツでは旅行事業者がソ連などのチャーター船を使って行うクルーズが一定規模で行われていましたが，北米のような成長の兆しは見えませんでした。

　しかし，1990 年代からは，北米の主要クルーズ会社が相次いで大型クルーズ客船を欧州クルーズに投入しました。その背景には，大型のクルーズ客船のほとんどが欧州の造船所で建造され，完成後または改装後，まず欧州で一定期間クルーズに従事した後，カリブ海などに転配されたこと，アメリカ人のほとんどが欧州からの移民で，そのルーツである欧州でのクルーズを望んだことがありました。

　またイギリスの旅行会社エア・ツアーズが，カリブ海で活躍した中古クルー

図 14-6　ローマの外港であるチヴィタヴェッキア港に並ぶ大型クルーズ客船。2000年代からクルーズ誘致に力を入れ，地中海でのクルーズハブ港として急成長しています。

ズ客船を使って，スペインのマジョルカ島を起点とする，定点・定期で，かつ短くて低価格のフライ＆クルーズを実施した結果，欧州マーケットにおいても現代クルーズが定着しました。EU の統合により経済が発展し，世界的なレベルで見ると比較的富裕な約 5 億人に上る人口を抱える欧州は，クルーズ産業にとっては約 3 億人の北米市場以上に成長ポテンシャルを秘めた地域であり，欧州でのクルーズマーケットのさらなる成長は間違いないとみられています。

14.11　東アジアへの現代クルーズの導入

　2005 年頃まで，クルーズの空白地帯の 1 つが東アジアでした。唯一，日本では，伝統的なタイプの高級クルーズ産業が根付いていたものの，韓国や中国ではクルーズは全く育っていませんでした。

　このクルーズ空白地帯に，クルーズ主要会社が興味を持ち始めて久しいのですが，スタークルーズが一時，神戸および福岡起点の定点定期クルーズを行ったものの，十分な顧客が得られずにすぐに撤退し，東アジア水域では台湾発着の定点定期クルーズだけを継続しています。

　2006 年，北米生まれの現代クルーズの本格的な東アジア進出がついに始まりました。まずカーニバル・グループのコスタ・クルーズが，中国の上海を起点とした定点定期クルーズを中国人マーケット向けに始め，翌年には RCI も上海発着のクルーズを始めました。いずれも現代クルーズの特性である「廉価で短期」のクルーズであり，1 泊当たりのクルーズ料金は 1 万円程度からとなっています。こうしたクルーズ客船が，中国人を満載して，九州や関西の港に頻繁に寄港しています。コスタ・クルーズは 3 万総トン級の小型船で始めましたが，その後 5 万総トン級，7 万総トン級，10 万総トン級船を投入し，RCI は 7 万総トン級，14 万総トン級，17 万総トン級と投入船の大型化を図っています。

　カーニバル・グループのプリンセス・クルーズは，2013 年から日本を起点とする日本周遊クルーズを 7 万総トンの「サン・プリンセス」で始めました。横浜などを起点として日本各地を回り，韓国の釜山に帰港することでカボタージュ規制をクリアしています。翌年には 11 万総トンの「ダイヤモンド・プリ

ンセス」も投入して，2 隻で大々的な日本起点クルーズを始めましたが，集客目標の 10 万人に対して乗船者は 6 万人に留まり，2015 年からは再び 1 隻体制に戻しました。

　このように中国のマーケットに比べて，日本のマーケットでは集客が難しいことが明らかになりました。しかし，中国と並んで日本も有力なマーケットであることは確かで，コスタ・クルーズは，2015 年から 7 ～ 9 月の期間に，福岡，舞鶴，金沢を発着港とする定点定期クルーズを始めています。

　2015 年の予想では，10 年ほどで東アジアのクルーズ人口は急速に成長して，欧州と同様に 500 万人に達するものとみられています。

図 14-7　2007 年から東アジアでの定点定期クルーズを始めた RCI の 7 万総トン級船「レジェンド・オブ・ザ・シーズ」。北米で成功したクルーズ会社が続々と東アジアで現代クルーズを始めています。

図 14-8　那覇港の国際クルーズ客船ターミナルには，中国からの大型クルーズ客船がたくさん寄港するようになっています。上海だけでなく，南部の厦門や香港を起点としたクルーズが急成長し始めています。

14.12　クルーズマーケットの分布と成長率

　1970年代に50万人程度だった世界のクルーズ人口は，2015年の時点で2,300万人にまで成長しました。その分布は北米が60%，欧州が27%，アジアが6.6%となっています。今後は，アジアの急速な成長が予想されています。

　また，各国の人口に対するクルーズ人口をクルーズ浸透率といい，アメリカやオーストラリアは3.6～3.7%，イギリス，カナダ，ドイツが2%台，イタリア，スカンジナビア諸国，スペインが1%台となっています。一方，日本はクルーズ人口が23万人で浸透率は0.18%，中国は110万人で0.08%と，クルーズ先進国の欧米各国に比べるとまだ浸透率が低く，今後の上昇が期待されています。クルーズ浸透率は，5%程度までは開拓できるとみられています。

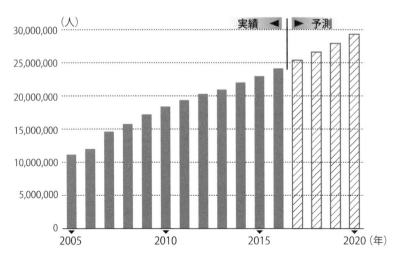

図14-9　世界のクルーズ人口の推移と予想を示しています。世界でクルーズ客船に乗船する人の数は，ほぼ右肩上りに増加しています。（ShipPax, Cruise Market Watch, CLIA の資料を基に作成）

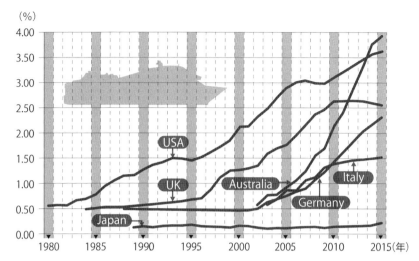

図 14-10　各国のクルーズ浸透率（クルーズ人口／人口）の推移です。現代クルーズ
　　　　　発祥の地である北米ではコンスタントに成長しており，欧州各国も現代ク
　　　　　ルーズが導入されたあと急成長しています。

14.13　クルーズ運航会社の寡占化

　現代クルーズ業界では，寡占化が進んでいます。特に，現代クルーズのパイ
オニア 3 社のうちカーニバル・グループとロイヤル・カリビアン・グループが
急速に勢力を増し，前者が 47％，後者が 23.5％ のシェアを獲得し，この 2 つ
のグループで世界市場の 70.5％（2015 年時点）を占めています。

　この 2 つに続いて，現代クルーズのパイオニアである NCL グループが 9.4％,
新興の MSC が 7.4％ を占めています。また，アジアを拠点としたゲンティン
香港（スタークルーズの親会社）もその勢力を拡大しています。

14.14　稼働中のクルーズ客船の数

　世界の海で稼働しているクルーズ客船の数は，2014年の時点で372隻となっています。ただし，この数字には100総トン以下のクルーズ客船は含まれていません。また，河川のクルーズ客船も含んでいません。2000年時点の400隻に比べて隻数が減少しているのは，船の大型化に伴うもので，総旅客定員は増加しています。

14.15　現代クルーズ会社の収入構成

　貨物船と違って客船の場合には，運賃収入だけでなく，船上での乗客および乗組員の消費が収入になります。ShipPaxの2014年の統計によると，CCL，RCCL，NCLともに運賃収入の30%程度の船上売上収入があります。主要な船上売り上げとしては，アルコールなどの飲み物，土産物，免税品，特別レストランの席料，写真撮影，オプショナルツアーなどがあります。

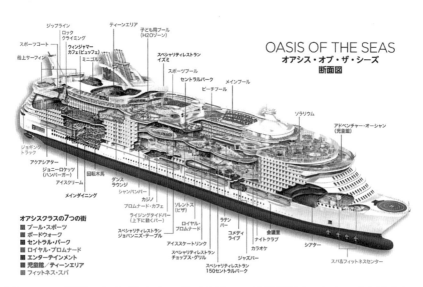

図14-11　1週間のカリブ海クルーズに就航している世界最大のクルーズ客船「オアシス・オブ・ザ・シーズ」の船内施設です。（提供：RCI）

図14-12　カリブ海での1週間クルーズの寄港地，スケジュール，クルーズ料金です。2016～2017年のものです。1週間のクルーズ料金は900ドル，約10万円からと，リーズナブルな価格になっています。（提供：RCI）

≪課題≫

14-1　現代クルーズと伝統的クルーズとの違いを説明してください。

14-2　世界のクルーズ産業の規模はどのくらいですか。

14-3　現代クルーズの成功要因を挙げてください。

14-4　フライ＆クルーズとは何ですか。

14-5　フライ＆クルーズが利用者に与えたメリットと，運航会社に与えたメリットを挙げてください。

14-6　クルーズ客船が大型化しているのはなぜですか。

14-7　クルーズ客船の大型化が乗客に与えたメリットを挙げてください。

第15章 コンテナ船ビジネス

15.1 シーランド社が始めたコンテナ海上輸送

シーランド社（元パンアトランティック・スチームシップ社）の創業者マルコム・マクリーンは，1956年に，北米沿岸航路でのコンテナ海上輸送を始めました。この最初のコンテナ船は，タンカーを改造した「アイディアルX」で，デッキ上にRoRo荷役でシャーシに乗せたコンテナを積んで運びました（p.38のコラム⑧参照）。

1957年には，北米東海岸とカリブ海を結ぶ航路に，戦時標準貨物船をフルコンテナ船に改造した「ゲートウェイ・シティ」を就航させました。コンテナの荷役は，クレーンを使って上下方向に積むLoLo（Lift-on Lift-off）荷役で，この船が，現在のコンテナだけを積載するフルコンテナ船のプロトタイプといわれています。

1958年には，米マトソン社がアメリカ本土〜ハワイ間のコンテナ輸送を開始します。しかし，2社ともに港湾荷役業者を中心とした既存権益をもつ事業者との熾烈な戦いがあったといいます。これは，本格的なコンテナ輸送は従来の船舶荷役を必要とせず，古い港湾形態の根本からの破壊につながるためでした。コンテナ輸送のパイオニアである2社は，新たなコンテナ港の構築に向けて港湾改革を進めました。

この2社は，アメリカの戦時標準船を改造したコンテナ船隊を大規模に整備して，1966〜1967年には，大西洋，太平洋横断航路にも進出しました。

しかし，コンテナ輸送の革新性には，定期航路を運航していた欧州と日本の老舗海運会社も着目し，1968年には次々とコンテナ海上輸送へと進出します。例えば，日本の定期航路運航会社6社（日本郵船，昭和海運，商船三井，川崎

図 15-1　1960 年代に，米マトソン社が戦時標準船をコンテナ船に改造して太平洋航路に投入しました。写真は，その 1 隻「パシフィック・トレーダー」。

汽船，山下新日本汽船，ジャパンライン）は，それぞれ 1 隻または多くても 2 隻のコンテナ船を建造して，それぞれの船の一部をチャーターして集荷するスペースチャーターという方法でコンテナ化を進め，一方，欧州の定期航路運航会社は共同でコンテナ輸送専門の会社を立ち上げて複数のコンテナ船を建造しました。それほど，コンテナの海上輸送は，船も港の施設も高価だったのです。

　コンテナの海上輸送を最初に始めたマクリーンは，晩年には事業に失敗をしますが，パソコンソフトの雄であるマイクロソフトの創業者ビル・ゲイツは，革新的経営者の一人としてマクリーンを高く評価したといいます。また，マクリーンが亡くなった時には，世界中の港でコンテナ船が汽笛を鳴らして，この偉大なパイオニアの冥福を祈ったといいます。

15.2　定期ライナーからコンテナ船に

　それまでの定期貨物船では，港での荷役に 7 〜 10 日間も要しました。さらに，荷役中の破損や盗難も多かったといいます。このため，荷役時間の長期化を避けるため，船の大きさは 8,000 〜 12,000 総トンに制限されていました。船の最大の特徴である大型化による経済性向上という手法を，港での長時間荷役が阻んでいたのでした。コンテナ海上輸送のパイオニアであるシーランドとマ

トソンの 2 社は，戦時標準貨物船を大量に購入してコンテナ船に改造して，大西洋航路および太平洋航路に投入しましたが，日本および欧州の主要海運会社はコンテナ船の新造に動き，その総トン数は 2 万総トン級と，在来の定期ライナーの 2 倍近い大型船としました。コンテナの積載数は，20 フィートコンテナで 750 ～ 800 個でした。

　ただ，追随する企業にはいろいろな迷いが見られます。セミコンテナ船かフルコンテナ船か，リフトオン・リフトオフ船かロールオン・ロールオフ船か，陸上クレーンか船上クレーンか，単独かスペースチャーターかといった悩みです。例えば，現在はコンテナ輸送の覇者ともいわれているデンマークのマースクラインは，当時，船の一部にセルガイドを設けたコンテナ専用倉と，一般貨物を積む船倉の両方をもつセミコンテナ船にこだわった戦略をとっていました。

15.3　コンテナ船の高速化

　コンテナ船では，港での荷役時間が大幅に短くなったので，次のターゲットは高速化して航海時間を減らし，リードタイムを短くすることが求められました。船は，一般的に高速にすると抵抗が急増するため，巨大な出力をもつエンジンを搭載しなくてはならず，燃料の消費量が急増します。それでも各社が高速化を目指したのは，まだ石油の価格が低く，全運航経費の中に占める燃料費がそれほど大きくなかったことによります。多くの海運会社は，航海速力が 25 ～ 27 ノットの高速コンテナ船の建造を行いました。

　その中でも画期的だったのが，シーランド社が建造して 1972 年から次々と完成した 33 ノットの航海速力を誇る 1,600 TEU 積みの大型高速コンテナ船 SL-7 型でした。ドイツの造船所で 8 隻が連続建造され，大西洋航路および太平洋航路に投入されました。

　しかし，1973 年と 1976 年の 2 回にわたって世界経済を震撼させたオイルショックが発生して，原油価格が高騰し，船舶の燃料コストも急増しました。これが，完成直後の SL-7 型船にも大打撃を与え，1980 年代初頭にはシーランド社は経営危機に陥り，最終的には SL-7 型 8 隻を米軍に売却しました。経営再建のためシーランド社は，レイノルズ・タバコ社の傘下に入りました。

図 15-2　シーランド社は，33 ノットの高速大型の SL-7 型コンテナ船を 8 隻建造して，大西洋，太平洋航路に投入しましたが，1970 年代のオイルショックにより撤退を余儀なくされました。

　1977 年にシーランド社を去ったマクリーンは，1978 年に，アメリカの名門会社ユナイテッド・ステーツ・ラインを買収して，4,400 TEU 積み，航海速力 18 ノットの大型低速コンテナ船を 12 隻建造して巻き返しを図ります。

　しかし，高騰した原油価格はその後下落して安定し，荷主は，この船のあまりに遅い輸送速度に見向きもしなくなります。1986 年，ユナイテッド・ステーツ・ラインは経営破綻してしまいました。

　こうした状況の中でコンテナ船の定期航路には，世界的な規模で再編の嵐が吹き荒れます。日本の海運会社でも，昭和海運，ジャパンライン，山下新日本汽船はコンテナ定期航路から撤退して，日本郵船，商船三井，川崎汽船の 3 社に集約されました。

　1999 年，マースクライン（デンマーク）がシーランド社を買収して，世界最大のコンテナ船運航会社になりました。

15.4　ハブ＆スポークシステムの定着

　ハブ＆スポーク（hub & spork）とは，人流・物流輸送網を，自転車の車輪の中心のハブと，そこから放射状に広がるスポークからなるシステムに例えたものです。

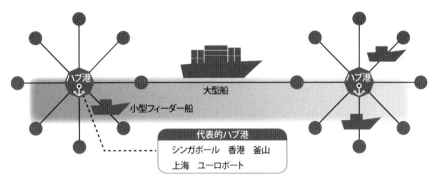

図 15-3　ハブ＆スポークシステムのイメージです。ハブ港間は，効率のよい大型船で大量に運び，そこから周辺の港に小型のフィーダー船で運びます。自転車の車輪の中心のハブと，タイヤを支えるスポークに形が似ているので名づけられました。

　例えば，6 都市の空港を結ぶ航路を運営すると，各都市間を直行便でくまなく結ぶには 15 航路を運航する必要がありますが，その中の 1 つをハブとして，ハブ以外の全ての都市からの物流をハブ経由にすると 5 航路を運航するだけですみ，ハブ間に使用する機材には大型のものが使えて効率がよくなります。航空貨物会社のフェデックスの創業者であるフレッド・スミスが大学生の時に発案したといわれ，ヤマト運輸の宅急便のシステムもこれを参考にしているといいます。

　航空機の世界で定着したこのシステムは，コンテナの海上輸送にも取り入れられました。すなわち，ハブ港間は大型のコンテナ船で大量輸送をしてコスト削減をし，ハブ港の周辺港には小型コンテナ船や RoRo 船に積み替えて配送するというものです。

15.5　グローバルアライアンスの形成

　アライアンスとは企業間の提携という意味で，海運業界では，1875 年の英 7 社によるカルカッタ同盟以来，航路ごとに海運同盟（Shipping Conference）が形成され，同一運賃を維持して，新規の海運会社の運航する船舶を非同盟船と

して差別してきた歴史があります。この海運同盟は実質的に海運先進国の海運会社を優遇することとなるため，海運企業が育っていない発展途上国などにとって自国の輸出入貨物を自国の海運企業の船で運べないということが問題視され，海運同盟の在り方を変える動きが出ました。またアメリカのような自由競争を基本とする国からすると，海運同盟はカルテルに相当していて容認できない存在でした。さらにコンテナ船の海上輸送を始めて急成長したシーランド社の船などは盟外船として扱われていましたが，次第に，こうした新興の同盟に加入していない海運会社が実力をつけていき，実質的に海運同盟は機能しなくなりました。こうして，海運先進国を中心にして，荷主まで縛っていた海運同盟は崩壊します。これは，運賃の自由化が行われることを意味します。

そうした状況のもとで，コスト競争力をつけるとともに，サービス網を拡大して輸送サービスの質の向上を目指すための企業間提携が行われるようになりました。これをグローバルアライアンスといいます。

多くの海運会社が提携することによって，ドア・ツー・ドアの国際複合一貫輸送が広範囲で可能になり，提供されるサービスの質（運賃と頻度）が向上し，ハブ港間の幹線航路に投入する大型コンテナ船の投資費用も分散できます。

こうして，海運界では活発な M&A（Mergers & Acquisitions）が進み，さらなる巨大アライアンスが形成されることとなりました。2000 年代初頭のアライアンスは次のようになっていました。

- ニュー・ワールド・アライアンス（商船三井など）
- グランド・アライアンス（日本郵船など）
- CKY アライアンス（川崎汽船など）
- マースク（ほぼ単独，M&A による拡大）
- エバーグリーン（ほぼ単独，M&A による拡大）

いかに他のアライアンスと同規模の船をグループとして運航し，対抗できるサービスを提供するかがポイントでした。

2017 年，大きなアライアンスの組み換えが行われました。まず，日本郵船，商船三井，川崎汽船の日本の 3 社をはじめとする 6 社は，新アライアンス「ザ・アライアンス」を結成して，サービスを開始しました。協調範囲は，ア

ジア〜北米両岸，アジア〜欧州・地中海，大西洋航路，アジア〜中東航路と極めて広い範囲をカバーし，6 社合計で 620 隻以上のコンテナ船を運航し，世界シェアの約 18％ を占める運航船腹量 350 万 TEU という巨大アライアンスです。また，CMA-CGM，COSCO-CSCL，エバーグリーン，OOCL の 4 社はオーシャン・アライアンスを結成し，マースクラインと MSC は 2M というアライアンスを組んでおり，これら 3 大アライアンスの戦いとなります。

　この新アライアンスへの移行に合わせて，日本の 3 社は，それぞれコンテナ船部門を切り離して 1 つの「オーシャン・ネットワーク・エクスプレス」（Ocean Network Express，略称 ONE）という運航会社に統合しました。組織としては，日本に持株会社を置き，事業運営はシンガポールに本社を置く同社が行うようになっています。この統合によってコンテナ輸送能力は 144 万 TEU となり，世界第 6 位の規模となりました。（p.46 の図 4-2 参照）

15.6　コンテナ船の大型化

　ハブ港間を結ぶ幹線航路では，コンテナ船の大型化が下記のように急速に進みました。

- 1970 年代：750 〜 1,000 TEU
- 1990 年代：3,000 〜 6,000 TEU
- 2010 年代：8,000 〜 20,000 TEU

また，フィーダー航路のコンテナ船や RoRo 船も大型化されています。

- 1970 年代：100 〜 200 TEU
- 1990 年代：300 〜 1,000 TEU
- 2010 年代：300 〜 2,000 TEU

15.7　コンテナ荷動きの変遷

　コンテナの海上輸送が開始された頃，幹線航路といえば，日本と北米西岸・東岸，日本と欧州でしたが，アジア諸国の経済発展に伴って大きく様変わりしています。アジアの中では，相対的に日本の地位が下がり，中国の物流量が巨大化しました。

　2015年の世界のコンテナ荷動きを見ると，3大幹線航路であるアジア～北米が約2,400万個，アジア～欧州が約2,200万個，欧州～北米が約600万個なのに対して，アジア域内が約4,900万個と幹線航路の荷動きを圧倒しています。

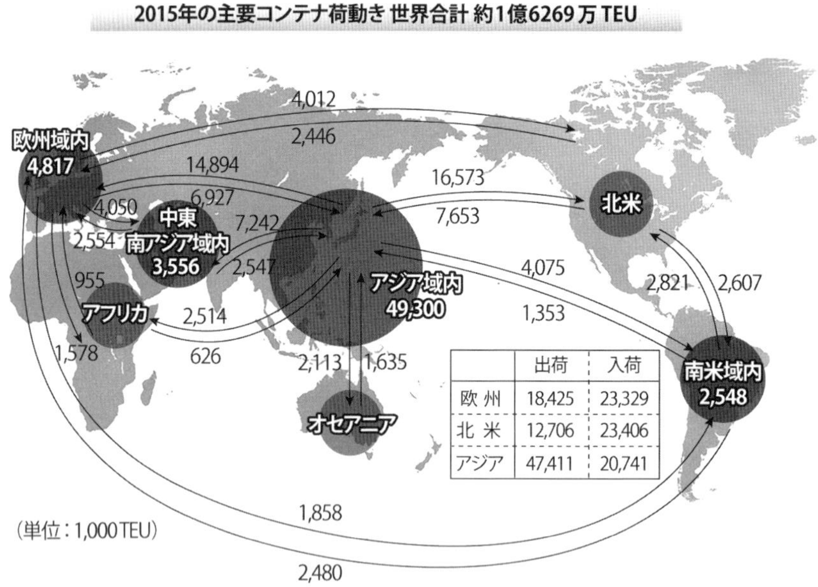

2015年の主要コンテナ荷動き 世界合計 約1億6269万TEU

	出荷	入荷
欧州	18,425	23,329
北米	12,706	23,406
アジア	47,411	20,741

（単位：1,000TEU）

図15-4　世界の海上コンテナの荷動きで，アジア域内の荷動きが大きくなっています。

15.8　広がるコンテナ貨物

　コンテナ海上輸送の貨物は，当初は家電製品などが中心でしたが，次第にあらゆる雑貨に波及しています。また，冷凍・冷蔵品を積載できるリーファーコンテナなどが開発され，冷凍・冷蔵品を専門に運ぶ冷凍物運搬船の数が次第に減少しています。液体貨物を積載するタンクコンテナ，自動車を積載するカーコンテナなども出現しています。さらに，屑鉄などのスクラップなどまでコンテナで運ぶようになりました。製鉄所に運ぶ鉄鉱石や石炭，発電所に運ぶ油やガスなどのように，大量の貨物を特定の場所に運ぶのを得意とするばら積み船で運ばれている貨物も，届け先が複数に分散されるような場合にはコンテナ化して，少量の単位でドア・ツー・ドアの輸送がされるようになるかもしれません。

図 15-5　マースクラインの 13,000 TEU 積みの超大型コンテナ船。日本にも寄港していましたが，2016 年からマースクラインはコンテナ幹線航路から日本の港を外しました。

コラム㉞　PCC から自動車専用コンテナ船へ

　著者の研究室で，2011 年に LoLo 型自動車専用コンテナ船の開発に関する論文を発表しました。自動車を製造する工場で完成車をコンテナに積載して，港まで運び，コンテナ船に積んで海を渡り，自動車販売業者までコンテナで届けるというものです。40 フィートコンテナだとトヨタのヴィッツクラスのコンパクトカーが 6 台積めて，PCC への荷役トライバーも必要なくなり，在来の RoRo 型 PCC より経済的によいという結果になりました。乗用車を積載すると普通のコンテナよりも重量が軽いために，従来型コンテナ船よりも船体を細くできてスピードも出ます。45 フィートコンテナを利用すると車の積載効率はさらにアップします。

　車の海上輸送がポート・ツー・ポートから，コンテナを使ったドア・ツー・ドア（製造者から販売店へ）になる日はそう遠くないように思います。

第16章

港の在り方

16.1　港湾と港町

　港は漁港を除き，全国に約 1,100 港あります。この港は，人および一般貨物の揚げ降ろしをする商業港（商港），臨海工業地にあり企業占有の専用埠頭が中心の工業港，荒天時の避難のための避難港，レジャーのためのヨットやボートの基地としてのマリーナなどに分類できます。そして，さらに全国に約 3,000 港の漁港があります。

　商業港には，客船ターミナル，コンテナターミナル，一般公共岸壁，フェリーターミナルなどがあり，マリーナにはレジャー船のための桟橋，上架施設，クラブ施設，レクリエーション施設，漁港には魚市場，加工工場，氷供給施設などがあります。

　古くなった港を港機能から都市機能へ転換させるのが，ウォーターフロント開発と呼ばれています。特に，コンテナ船の登場で使われなくなった櫛形の桟橋が観光施設として再生されたニューヨーク港のサウス・ストリート・シーポートやサンフランシスコ港のフィッシャーマンズ・ワーフなどが有名です。日本では，港機能を残した再開発が多く，アメリカでの事例とは少し違った形となっています。

16.2　ハブ港とフィーダー港

　ハブ港とは，その地域の中心的な港を指します。そのハブ港を中心に，周辺の港に比較的小型の船で貨物を配送するシステムを，自転車などの車輪になぞらえて「ハブ＆スポークシステム」と呼んでいます。ハブは車輪の中心の車

軸，スポークは外側のタイヤを固定するために張られた放射線状のスティール
ワイヤのことです。中心となるハブ港から配送することをフィーダー輸送とい
い，そこに就航する船をフィーダー船，配送先の港をフィーダー港といいます。

　船は大型なほど，単位貨物当たりの輸送にかかるコストが低くできることか
ら，ハブ港間を大型船で，そしてハブから近隣の港には小型のフィーダー船で
運ぶことによって，全体のコストが抑えられます。特に，港のインフラストラ
クチャーの整備に多額の費用を要するコンテナ船が，このハブ＆スポークシ
ステムを取り入れました。

　東アジアでは，コンテナ海上輸送が始まった 1960 年代から 1980 年代までは，
横浜港と神戸港がコンテナハブ港として機能していました。さらに 1990 年代
から 2000 年代には，隣接する東京と大阪にもコンテナターミナルが整備され，
横浜港＋東京港と神戸港＋大阪港が，東西の 2 大ハブ機能をもっていました。

　しかし，2000 年代になると，東アジアのハブ港は，釜山港（韓国），上海港
（中国），高雄港（台湾）に移りました。釜山港と高雄港は，コンテナ船の主要
幹線航路の中継点として適した場所にあることと，コンテナターミナルの 24
時間稼働やコストの削減を行って港としての競争力をつけたことがハブ港と
して成功した大きな要因です。例えば，釜山港の 2016 年のコンテナ取扱個数は
2,000 万 TEU で，そのうち半分がトランシップされています。トランシップと
は，ハブ港でフィーダー船にコンテナを積み替えることです。トランシップ先
は大部分が中国本土の東北部の港湾です。一方，上海港は，巨大な生産拠点に
成長した中国の物資を取り扱う拠点として機能したことから，大量の荷物が集
まり，巨大コンテナ船が寄港するようになり，そこからフィーダー航路が形成
されたためにハブ港として発展したと考えられています。すなわち，背後地に
大きな貨物輸送ニーズがあるか，もしくは周辺のフィーダー港へ輸送するため
のコンテナの積み替え場所として適した位置にあるかの，いずれかがハブ港化
のキーとなります。

　日本の各港におけるこのトランシップの比率が低くなっているのは，東京・
横浜港も大阪・神戸港も太平洋側の中央付近にあるため，特に日本海側の各港
からのフィーダー航路の距離が遠くなりすぎ，釜山港や高雄港などの海外のハ
ブ港を経由する方が，経済的メリットがあるためとみられています。

表 16-1　コンテナ取扱個数の 1980 年と 2015 年との比較です。順位を下げた港も取扱個数では伸びており，コンテナ量の急拡大の中での相対的な地位の低下であることが分かります。

港湾名	1980年 順位と取扱個数	2015年 順位と取扱個数	取扱個数 の倍率
ニューヨーク	1位 (195)	22位 (637)	3.3
ロッテルダム	2位 (190)	11位 (1223)	6.4
香港	3位 (147)	5位 (2011)	13.7
神戸	4位 (146)	57位 (270)	1.8
高雄	5位 (98)	13位 (1026)	10.5
シンガポール	6位 (92)	2位 (3092)	33.6
サンファン	7位 (85)		
ロングビーチ	8位 (83)	20位 (719)	8.7
ハンブルグ	9位 (78)	18位 (882)	11.3
オークランド	10位 (78)	22位 (637)	8.2
横浜	12位 (72)	54位 (279)	3.9
釜山	16位 (63)	6位 (1947)	30.9
東京	18位 (63)	29位 (463)	7.3

出典：国土交通省　　　　　　　　（　　）内単位：万 TEU

　　海外のハブ港への外航フィーダーではカボタージュ規制がないため外国籍船を使うことができ，日本人船員が運航する内航フィーダーよりもコストが低くできます。こうした理由で，外航コンテナが両港にフィーダー船で流れてしまっています。さらに日本発着の貨物量が中国を筆頭とするアジア諸国の経済成長によって相対的に減少したことから，日本の港のハブ機能の復活はかなり難しいとみられています。

表 16-2　アジア発米国向けトランシップ貨物の主要ハブ港別・国別取扱量のシェア
（Zepol 社が 2013 年 5 月 23 日に発表したデータを基に作成）

荷受国＼母船積港	東京	横浜	神戸	釜山	高雄	香港	シンガポール	7港合計	荷受国シェア
ベトナム	4,883	42	29	25,153	66,493	126,549	53,479	276,628	13.5%
フィリピン	2,413	542	14	7,392	58,878	19,145	9,998	98,381	4.8%
中国	1,315	5,728	1,107	502,355	83,157	279,616	35,881	909,160	44.4%
タイ	552	191	63	3,973	43,465	32,459	48,952	129,653	6.3%
カンボジア	201	0	0	0	528	3,788	11,680	16,197	0.8%
韓国	150	196	0	NA	1,093	251	0	1,690	0.1%
台湾	85	1,264	55	7,798	NA	22,564	2,971	34,738	1.7%
マレーシア	57	133	0	10,923	19,835	16,493	60,362	107,804	5.3%
インドネシア	42	23	15	27,300	47,603	16,242	168,446	259,672	12.7%
インド	33	92	5	11,373	14,108	7,832	48,830	82,274	4.0%
香港	28	23	1	1,875	642	NA	1,625	4,193	0.2%
バングラデッシュ	1	0	0	808	1,274	2,134	31,547	35,764	1.7%
スリランカ	0	18	0	1,283	2,939	698	3,730	8,670	0.4%
シンガポール	0	4	0	1,806	5,676	2,840	NA	10,327	0.5%
パキスタン	0	0	0	3,940	330	6,786	4,864	15,920	0.8%
日本	NA	NA	NA	50,691	4,287	451	0	55,429	2.7%
トランシップ量合計(a)	9,759	8,256	1,289	656,671	350,310	537,848	482,366	2,046,498	100.0%
7港間のシェア	0.5%	0.4%	0.1%	32.1%	17.1%	26.3%	23.6%	100.0%	
自国港分合計	184,360	59,898	104,706	634,583	369,451	437,716	57,132	1,847,846	
荷受地合計(b)	194,119	68,153	105,995	1,291,254	719,761	975,564	539,498	3,894,345	
トランシップ比率(a/b)	5.0%	12.1%	1.2%	50.9%	48.7%	55.1%	89.4%	52.6%	

北米航路往航のコンテナ総量，約1千万TEUの約4割を上記7港が占めています。

16.3　日本のハブ港を育てる

　2010 年代になって，日本政府は，京浜港と阪神港の 2 つに日本のハブ港を集約することを決めました。京浜港は，東京港，川崎港，横浜港から，一方，阪神港は大阪港と神戸港からなり，それぞれ一体的に運営することで効率的な港として機能させようという目論見です。日本のコンテナハブ港における問題点としては，喫緊のものとしてターミナルゲート前の渋滞，45 フィートコンテナの道路走行規制などが挙げられており，さらに背高コンテナの道路・鉄道輸送，国内フィーダー船の効率化（大型化，高速化），コンテナターミナルの自動化，IT 化なども必要とされています。

16.4　地方港の在り方

　日本の地方港は，コンテナ輸送に関してはフィーダー港として機能しています。特に，製造業の多くが地方に生産拠点をもつことから，そこへの部品供給と製品の出荷では地方港の役割が重要となります。国内の拠点港までコンテナをトレーラー輸送するより，船舶で輸送する方がコスト的にも環境的にも有利なためです。また，地方の農水産品を積み出す機能も担っています。

　荷主は，費用や輸送日数（リードタイム）などを勘案しながら，輸送モードを選択します。したがって，各地方港は，国内航路または国際航路を誘致して，地方発着の船便を充実させて，荷物の需要を掘り起こす努力をしています。この活動をポートセールスといいます。

　1990 年代からの各地方の国際化に伴って，地方港湾がコンテナクレーンなどを整備して，国際コンテナ航路の誘致を積極的に行いました。2016 年現在で，外貿コンテナ港湾は約 60 港に達し，その多くが中国，台湾，韓国への外航コンテナ船航路を開設しています。この航路では，それぞれの国との間の貿易貨物だけでなく，各国のハブ港でのトランシップ貨物も含まれていて，日本の主要コンテナ港でのトランシップを減らす結果になっています。

　国内のトランシップ・コンテナを増やすには，コンテナを運ぶことのできる内航のコンテナ船航路，RoRo 貨物船航路，旅客カーフェリー航路の充実が必要ですが，その航路数と船腹量は限定的です。このように内航定期航路が増えないのは，内航航路には，カボタージュ規制のため日本籍船しか就航できず，外国籍船に比べると運航コストが高いことが理由だといわれています。また内航コンテナ船は小型船が多く，これもコストを上げる原因となっています。内航定期船の航路網の充実，使用船の大型化，多頻度サービスなどが求められています。

　また，前述したように日本の主要港の位置が，地方港からトランシップ・コンテナを集めるには必ずしも適した位置にないことも理由の 1 つです。特に，日本海側の地方港や，九州西岸の港にとっては，国内主要港よりも韓国や台湾のハブ港の方が近くて便利です。欧州・アジア航路のほぼ航路上に位置する沖縄や，北米航路の中間点にあり，かつ津軽海峡を通過してロシア，韓国，中国

へ向かう分岐点でもある北海道の南部付近，釜山の対岸の北九州が，トランシップを主体とする国内ハブ港には最適な位置という意見もあります。

　地方港では，2010年代になってクルーズ客船の誘致も1つのターゲットになっています。現代クルーズでは，比較的短いクルーズが行われており，2006年から中国発着の現代クルーズが急成長して，日本および韓国の港に頻繁にクルーズ客船が寄港するようになりました。また，日本発着のクルーズも行われるようになり，大型クルーズ客船だと一度に数千人の観光客が地方港に降り立つようになっています。人口減に悩む地方にとっては，こうした観光客は大きな経済効果につながります。このため，政府もクルーズ客船の受入施設の充実を図っています。

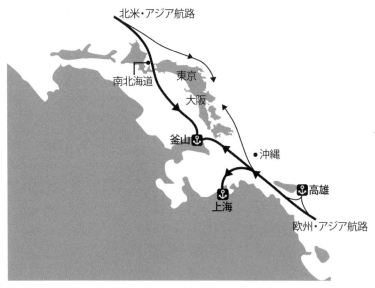

図16-1　欧州・アジア航路，北米・アジア航路の幹線航路（図中太線）は日本の太平洋側の港湾から外れています。日本のハブ港の在り方を考えてみましょう。南北海道や沖縄は，幹線航路に近く，トランシップをするのに便利な位置にあるのが分かります。

図 16-2　舞鶴港の国際コンテナターミナルの全景。各地方港がコンテナターミナル
　　　　　を整備して，外航航路の誘致を行っています。

コラム㉟　沖縄をトランシップ港に

　沖縄は，欧州航路やアジア域内航路のトランシップをするには最も適した位置にあります。かつてはアジアの貿易拠点として機能していたのも，その位置的な優位性にありました。

　現在，沖縄の那覇港には，国内航路としての RoRo 船網が充実しています。旅客カーフェリーも含めると，九州，関西，関東への船便がほぼ毎日のように出ています。したがって，上海や釜山に向かう超大型のコンテナ船を沖縄に途中寄港させ，日本各地へ RoRo 船による高速海上輸送を行うと，リードタイムは大幅に削減されることとなります。沖縄に各種の貨物が直接海外から入るようになれば，本土からの輸送費用が大きくて競争力がなかった沖縄島内の製造業が発展することになり，沖縄の経済は自立したものになる可能性が大です。

　関東や関西の一大経済圏を背後地とする 2 大ハブ港とは別に，幹線航路からのトランシップを中心とする中継ハブ港を戦略的に考える時期になっているように思います。

16.5　地方都市における港湾の経済波及効果

　港における事業には，港を管理する港湾当局，関税などを徴収する税関などの公的な組織以外にも，各種の民間企業があり，きわめてたくさんの人が携わっています。主な事業者としては船舶代理店，ターミナルオペレーター，フォワーダー，通関業者，港湾荷役事業者，水先人（パイロット），曳船業者，通船業者，通信業者，給油業者，給水業者，シップチャンドラーなどがあります。

　その結果，港には大きな経済波及効果があります。日本の地方の中核都市における港湾の経済効果は次のようになっています。

- 苫小牧港：市内総生産の 29%，雇用数の 17%（2006 年）
- 清水港　：静岡市の総生産の 13%，雇用数の 23%（2014 年）
- 名古屋港：愛知県の総生産の 40%，雇用数の 30%（2011 年）
- 四日市港：市内総生産の 13%，雇用数の 12%（2010 年）
- 姫路港　：市内総生産の 38%，雇用数の 40%（2002 年）
- 北九州港：市内総生産の 45%，雇用数の 30%（2004 年）
- 博多港　：福岡市の総生産の 28%，雇用数の 29%（2015 年）

　このように，地方港には地方都市経済を支える重要な役割があります。もちろん，日本のハブ港である横浜港も，市内総生産の 31%，雇用数の 31% を占めています。日本経済にとっての港の重要性を如実に示しているといえます。

コラム㊱　経済波及効果とは

　経済波及効果とは，ある産業が活動することで，ある地域経済にどの程度の貢献をするかを金額で示したものです。港湾の場合であれば，まず船が港で落とすお金（港湾諸経費，船用品や食料品購入経費，船員の消費など）を調べ，産業連関表により，種々の産業への経済波及効果，粗付加価値額（GDP 換算），税収を推計します。すなわち，支出や消費が，経済活動を通じて仕入れ業者，部品生産者などに流れ（一次波及効果），さらに雇用者の所得から消費に波及（二次波及効果）していく影響の総和を示しています。

16.6　日本の港湾関連予算と施策

　港湾は社会インフラであり，その整備や運営には国の役割が重要となります。港湾関連予算は，2017 年度において 2,469 億円で，そのうち港湾整備事業が 2,320 億円，港湾海岸事業が 98 億円，災害復旧事業が 13 億円，その他が 38 億円となっています。

　2017 年度の施策方針としては，被災地の復旧・復興，クルーズ船の受入環境の整備，国際コンテナ戦略港湾政策の深化と加速，国際バルク戦略港湾政策の推進，港湾関連産業の海外展開支援，農水産物輸出促進基盤整備，洋上風力発電施設の導入，日本海側港湾の機能別拠点化，特定離島における活動拠点の整備・管理，大規模災害における港湾の防災・減災，老朽化対策，離島交通の安全性確保，みなとオアシスなどが挙がっています。

16.7　ハブ港を目指す理由

　世界の港湾が，地域のハブ港を目指す理由としては，その地域の輸送の中心となることで輸送時間・費用の低減による地域産業活性化，港湾関連収入の増加による海事産業の振興，雇用の創出などがあります。しかし，ハブ港の整備には膨大な費用がかかりますので，経済的便益と費用を比較して，ハブ港整備費用よりも経済的便益が高ければハブ港としての整備を行うことになります。

　また，ハブ港は，コンテナ船を運航する海運会社と荷物を出す荷主に選ばれなければなりません。近隣港湾と比較した時の競争力，大型船に対応した大水深岸壁や大型クレーンの整備，港湾サービスの質（荷役時間や費用など）の向上，24 時間対応および週 7 日対応，待ち時間の短縮，労働者の質の向上，陸上輸送の時間と費用，荷主の費やす時間と費用はどうかなどの他，地域の輸送中心になるにふさわしいロケーションにあるかがハブ港になる条件といえます。

コラム③⑦　ハブ港としての成功事例：ユーロポート

　オランダのロッテルダムにあるユーロポートは，ライン川の河口に長さ40 km，10,500 ヘクタールにわたって港湾施設が整備され，ヨーロッパのグローバルハブとして機能しています。競合港としてはドイツのハンブルグ港やフランスのルアーブル港など11港があります。熾烈な競争に打ち勝つため，ユーロポートでは港湾利用者とのパートナーシップを大事にし，コア活動として顧客マネジメント，交通マネジメント，エリアマネジメント，環境マネジメントの4つのマネジメントに積極的に取り組んでいます。ハードとソフトの両面が大事なのですね。

おわりに

　貿易立国である日本にとって，海運を中心とする海事産業はとても大事な産業ですが，次第に一般市民にとっては目に触れない遠い存在になりつつあります。

　かつては外国へは船に乗らなければ行けませんでしたが，今ではほとんどの人が飛行機で行くようになり，空港は身近ですが，船の出る港に出かけることは少なくなりました。また，港は，船の大型化に伴ってどんどん沖合に拡張して，町の中心部からは遠くなりました。

　しかし，日本の輸出入貨物の 99.6% が船によって運ばれていることが如実に物語るように，船なしには日本の経済は成り立たず，日本の多くの港湾都市はその経済の 30% 近くを海事産業に依存しています。

　海事産業というと男性中心の理系産業と思われがちですが，その実態はかなり違います。船を造るための船舶工学，船を運航するための航海学，港を造り運営するための土木工学（港湾工学）などは，大学の工学系の中にあり，理系なのですが，海運業の中心はなんといっても営業などの文系部門なのです。ただ，そこに働く文系の人々にも，船や港に関する技術的な理系の知識は必要となります。この本は，日本経済の屋台骨を支える海事産業について，文系の人々にも知っておいて欲しい科学・工学的知識をできるだけ分かりやすく解説しました。

参 考 文 献

<一般>
『海運と港湾』日本海事広報協会（1994 年）

池田宗雄『船舶運航の ABC』成山堂書店（1989 年）

『入門「海運・物流講座」』日本海運集会所（2007 年）

澤喜司郎『国際海運経済学』海文堂出版（2001 年）

海事法研究会 編『海事法』海文堂出版（2015 年）

高田富夫『海運産業の成長分析』晃洋書房（1996 年）

森隆行『まるごと！船と港』同文舘出版（2008 年）

大阪商船三井船舶 編著『国際複合輸送の知識』成山堂書店（1994 年）

森隆行『新訂 外航海運概論』成山堂書店（2016 年）

石川直義『日本海運ノート』オーシャンコマース（2001 年）

ダイヤモンド会社探検隊『会社の歩き方「商船三井」』ダイヤモンド社（2009 年）

国領英雄 編『現代物流概論（2 訂版）』成山堂書店（2003 年）

池田知平『日本海運の高度成長 – 昭和 39 年から昭和 48 年まで』日本経済評論社（1993 年）

福地信義『ヒューマンエラーに基づく海洋事故 – 信頼性解析とリスク評価』海文堂出版（2007 年）

<コンテナ海上輸送>
山岸寛『海上コンテナ物流論』成山堂書店（2004 年）

今井昭夫 編著『国際海上コンテナ輸送概論』東海大学出版会（2009 年）

渡辺逸郎『コンテナ船の話』成山堂書店（2006 年）

<クルーズ>
池田良穂『基礎から学ぶ クルーズビジネス』海文堂出版（2018 年）

「世界のクルーズ客船 2013-2014」海人社（2013 年）

＜内航海運＞

鈴木暁・古賀昭弘『現代の内航海運』成山堂書店（2007 年）

石谷清幹 監修『輝け！内航海運』海上交通システム研究会（1996 年）

森隆行 編著『内航海運』晃洋書房（2014 年）

＜港湾＞

小林照夫『日本の港の歴史 – その現実と課題 –』成山堂書店（1999 年）

日本港湾経済学会 編『海と空の港大事典』成山堂書店（2011 年）

＜船舶＞

赤木新介『新 交通機関論 – 社会的要請とテクノロジー』コロナ社（2004 年）

池田良穂『トコトンやさしい船舶工学の本』日刊工業新聞社（2017 年）

関西造船協会編集委員会 編『船 – 引合から解船まで』海文堂出版（2007 年）

池田良穂『船の最新知識 – タンカーの燃費をよくする最新技術とは？ 驚きの方法で曲がる「舵のない船」とは?』SB クリエイティブ（2008 年）

池田良穂『造船の技術 – どうやって巨大な船体を組み立てる？ 大きなエンジンは船にどう載せるの?』SB クリエイティブ（2013 年）

米田博『海運近代化と造船』成山堂書店（1993 年）

中川敬一郎『戦後日本の海運と造船 – 戦後日本の海運と造船』日本経済評論社（1992 年）

高柳暁『海運・造船業の技術と経営 – 技術革新の軌跡』日本経済評論社（1993 年）

山下幸夫『海運・造船業と国際市場 – 世界市場への対応』日本経済評論社（1993 年）

＜各種統計＞

海事レポート（各年），国土交通省海事局

SHIPPING NOW（各年），日本船主協会

数字でみる港湾（各年），日本港湾協会

数字でみる物流（各年），日本物流団体連合会

数字でみる日本の海運・造船（各年），日本海事広報協会

TECHNO MARINE（各号），日本造船学会

KANRIN（咸臨）（各号），日本船舶海洋工学会

NAVIGATION（各号），日本航海学会

索　引

【著者紹介】

池田 良穂（いけだ よしほ）

大阪府立大学名誉教授，大阪公立大学客員教授

船舶工学，海洋工学，クルーズビジネス等が専門。専門分野での学術研究だけでなく，船に関する啓蒙書を多数執筆し，雑誌等への寄稿，テレビ出演も多く，わかり易い解説で定評がある。

イラスト

中山 美幸（なかやま みゆき）

大阪芸術大学でデザインを学び，日本クルーズ＆フェリー学会の学会誌「Cruise & Ferry」の編集，各種パンフレット，ポスター等のデザインに従事している。

ISBN978-4-303-16407-2

海運と港湾

2017年9月30日　初版発行	© Y. IKEDA 2017
2024年5月10日　2版3刷発行	

検印省略

著　者　池田良穂
発行者　岡田雄希
発行所　海文堂出版株式会社
　　　　本　社　東京都文京区水道2-5-4（〒112-0005）
　　　　　　　　電話 03（3815）3291代　FAX 03（3815）3953
　　　　　　　　https://www.kaibundo.jp/
　　　　支　社　神戸市中央区元町通3-5-10（〒650-0022）
日本書籍出版協会会員・工学書協会会員・自然科学書協会会員

PRINTED IN JAPAN　　　　　　　印刷　東光整版印刷／製本　誠製本